Neues verkehrswissenschaftliches Journal

Ausgabe 12

Gesamtwirtschaftliche Bewertung der Elektrifizierung von Dieselstrecken in Baden-Württemberg

im Auftrag des Ministeriums für Verkehr und Infrastruktur des Landes Baden-Württemberg

Prof. Dr.-Ing. Harry Dobeschinsky

Dipl.-Kfm. techn. Jan Hinrich Diestel

Dipl.-Vw. techn. Carlo von Molo

Dipl.-Wi.-Ing. Stefan Tritschler

VWI Verkehrswissenschaftliches Institut Stuttgart GmbH

Juli 2015

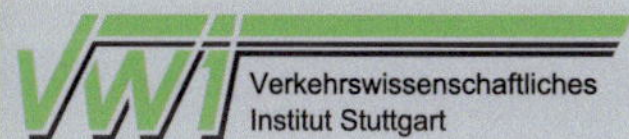

Die Hauptautoren wurden bei der Erstellung dieses Berichts von Johannes Uhl, Fabian Dobeschinsky, Martina Karbe und Johannes Wülk unterstützt.

Das Titelbild zeigt einen Doppelstockzug der DB und stammt von Carlo von Molo. Die Rechte von Fotos und Abbildungen im Bericht liegen bei der VWI Stuttgart GmbH, sofern dies nicht anders vermerkt ist.

Die VWI Stuttgart GmbH arbeitet in Kooperation mit dem Verkehrswissenschaftlichen Institut an der Universität Stuttgart e.V. und dem Institut für Eisenbahn- und Verkehrswesen der Universität Stuttgart unter der Leitung von Prof. Dr.-Ing. Ullrich Martin.

Herstellung und Verlag: BoD - Books on Demand, Norderstedt
Printed in Germany

ISBN 978-3-7386-2147-1

Vorwort

Die Standardisierte Bewertung für Verkehrswegeinvestitionen des öffentlichen Personennahverkehrs wird bereits seit vielen Jahren nicht nur in Deutschland für den Nachweis des volkswirtschaftlichen Nutzens von Maßnahmen im ÖPNV erfolgreich angewendet. Zwischenzeitlich wurde beim Ausbau des ÖPNV ein Stand erreicht, der umfangreiche Infrastrukturneubauten immer seltener erforderlich macht. Allerdings gibt es in den bestehenden Netzen des Schienenpersonennahverkehrs nach wie vor einige Lücken, deren Beseitigung gerade unter dem Aspekt steigender Mobilitätsanforderungen im Bereich des ÖPNV eine wachsende Bedeutung zukommt. In Ballungszentren und auf Strecken mit hoher Verkehrsdichte hat sich ein elektrifizierter Betrieb hervorragend bewährt.

Bei der Verbindung von Ballungsräumen untereinander oder mit eher ländlichen Regionen ist jedoch oftmals keine durchgängig elektrifizierte Verbindung vorhanden. Demzufolge müssen die Verkehre zwangsläufig gebrochen werden, wodurch die Attraktivität für die Reisenden deutlich abnimmt. Dem umfassenden Einsatz von Hybridfahrzeugen stehen die derzeit noch fehlende einsatzreife Entwicklung einer preiswerten Serienfertigung sowie die auch über viele weitere Jahre zu nutzenden vorhandenen Fahrzeuge entgegen. Insofern ist es sehr sinnvoll, die durch den Lückenschluss bei der Elektrifizierung bisher dieselbetriebener Strecken in den vorhandenen Bewertungsverfahren nicht berücksichtigten spezifischen Sondereffekte in eine ganzheitliche Betrachtung einzubeziehen.

Die in dieser Ausgabe des Neuen verkehrswissenschaftlichen Journals beschriebene und im Auftrag des Landes Baden-Württemberg entstandene Gesamtwirtschaftliche Bewertung der Elektrifizierung von Dieselstrecken in Baden-Württemberg greift diese Thematik auf und bietet eine transparente, einfach zu handhabende widerspruchfreie Ergänzung zu der bisherigen Verfahrensweise in allgemeingültiger Form, die u.a. überall dort nutzbar ist, wo die Standardisierte Bewertung für Verkehrswegeinvestitionen des öffentlichen Personennahverkehrs zur Anwendung kommt.

Stuttgart, im Mai 2015

Ullrich Martin

Inhaltsverzeichnis

Abbildungsverzeichnis

Tabellenverzeichnis

1 Einführung

1.1 Aufgabenstellung

Das elektrifizierte Streckennetz in Baden-Württemberg wird durch dieselbetriebene Strecken ergänzt. Einige der dieselbetriebenen Strecken weisen aus unterschiedlichen Gründen Potenziale für eine Elektrifizierung auf, die in der Regel jedoch erhebliche Investitionskosten verursacht.

Die Haushaltsordnung des Landes Baden-Württemberg verlangt für alle finanzwirksamen Maßnahmen angemessene Wirtschaftlichkeitsuntersuchungen. Für Investitionen in ÖPNV-Projekte erfolgt diese Untersuchung in der Regel mit einem bewährten Verfahren, der „Standardisierten Bewertung von Verkehrswegeinvestitionen des ÖPNV". Die Anwendung dieses Verfahrens ist grundsätzlich auch für den Nachweis „der Wirtschaftlichkeit" von Investitionen zur Elektrifizierung von Bahnstrecken möglich. Allerdings werden dabei nicht alle Nutzen einer solchen Investition berücksichtigt. Dies betrifft beispielsweise auch die Wirkung von Elektrifizierungsmaßnahmen auf den Bahnbetrieb im überregionalen Schienenstreckennetz Baden-Württembergs.

Zum Nachweis der Elektrifizierungswürdigkeit von Bahnstrecken bedarf es daher eines spezifischen Bewertungsverfahrens, welches die Unterschiede zwischen den Traktionsarten aufgreift. Auf Basis des Verfahrens der „Standardisierten Bewertung von Verkehrswegeinvestitionen des ÖPNV"[1] wird ergänzend ein kompatibles, einfach handhabbares Bewertungsverfahren zum Nachweis der Elektrifizierungswürdigkeit erstellt. Dieses Verfahren basiert auf der Grundlage der volkswirtschaftlichen Nutzen-Kosten-Analyse und umfasst betriebliche, ökologische, verkehrliche und wirtschaftliche Aspekte, welche für die Unterscheidung zwischen den Traktionsarten erforderlich sind.

Im Vordergrund der Arbeiten stehen dabei Ergänzungen zum Verfahren der Standardisierten Bewertung, die es ermöglichen, über die im Rahmen einer räumlich sehr eng abgegrenzten, maßnahmenbezogenen Nutzen-Kosten-Untersuchung hinausgehende Nutzeneffekte einzubeziehen, zu quantifizieren und – nach Möglichkeit – zu monetarisieren.

---

[1] Intraplan Consult München und VWI Verkehrswissenschaftliches Institut Stuttgart: Standardisierte Bewertung von Verkehrswegeinvestitionen des ÖPNV – Version 2006, im Auftrag des Bundesministers für Verkehr, Bauwesen und Städtebau, München/Stuttgart 2006

1.2 Problemstellung und Zielsetzung

1.2.1 Anwendungsbereich der Standardisierten Bewertung

Wird vom Träger eines Investitionsvorhabens im ÖPNV die Förderung durch die öffentliche Hand – genauer: durch den Bund – beantragt, so ist die Förderwürdigkeit des Vorhabens durch eine Bewertungsrechnung nach den Vorgaben der Standardisierten Bewertung nachzuweisen. Die Standardisierte Bewertung ist dabei auf solche Vorhaben anzuwenden, deren investiver Aufwand einen Betrag von 25 Millionen Euro überschreitet.

Für Fördermittel die aus dem Landesprogramm des Landes Baden-Württemberg beantragt werden, ist das Verfahren bereits auf Vorhaben mit einer Investitionssumme von mehr als 10 Mio. Euro anzuwenden.

Die Anwendung des Verfahrens erstreckt sich auf alle Vorhaben nach § 2 Abs. 1 Nr. 2 und § 11 GVFG. Dies sind:

- Der Bau oder Ausbau von Verkehrswegen der
  - o Straßenbahnen, Hoch- und Untergrundbahnen sowie Bahnen besonderer Bauart,
  - o Nichtbundeseigenen Eisenbahnen

  Soweit sie dem öffentlichen Personennahverkehr dienen, und auf besonderem Bahnkörper geführt werden
- Vorhaben der Eisenbahnen des Bundes, die der Verbesserung der Verkehrsverhältnisse in den Gemeinden dienen.

Demnach werden sowohl Vorhaben des öffentlichen Straßenpersonenverkehrs als auch Vorhaben des Schienenpersonennah- und -regionalverkehrs vom Anwendungsbereich der Standardisierten Bewertung erfasst.

1.2.2 Erfahrungen aus der Anwendung der Standardisierten Bewertung

Mit dem Regelverfahren der Standardisierten Bewertung werden Auswirkungen einer Infrastrukturmaßnahme auf die Nutzer des ÖPNV, auf den Betreiber und auf die Allgemeinheit untersucht und monetär bewertet. Erfahrungsgemäß resultiert ein Großteil des gesamtwirtschaftlichen Nutzens aus der Verlagerung von Fahrten des motorisierten Individualverkehrs (MIV) zum ÖPNV. Die Verkehrsverlagerung wird aus einem Verkehrsmodell heraus bestimmt. Eine Verkürzung der Reisezeiten im ÖPNV auf ein Niveau unterhalb der MIV-Reisezeiten ist entscheidend dafür, dass der Anteil des ÖPNV an der Verkehrsleistung – der Modal Split – steigt. Die Reisezeit im ÖPNV bestimmt sich im Wesentlichen aus der Systemzugangszeit und aus der Beförderungszeit. Eine Fahrzeitverkürzung ist demnach nicht unbedingt erforderlich; auch eine Taktverdichtung vermag die Reisezeit spürbar zu reduzieren.

In der gesamtwirtschaftlichen Bewertung führt eine Verlagerung von Verkehrsleistungen zum ÖPNV nicht nur zu einer Senkung der unmittelbaren Pkw-Betriebskosten, sondern auch auf die Allgemeinheit bezogen zu einer Reduktion der Unfallkosten und der bewerteten Kohlendioxid- und Schadstoffemissionen.

Gerade auf Nebenbahnen mit vergleichsweise niedrigen Entwurfsgeschwindigkeiten ist davon auszugehen, dass mit elektrischen Fahrzeugen nur geringe Fahrzeitpotenziale gegenüber Dieselfahrzeugen zu erzielen sind; dies gilt insbesondere für Triebwagen.

Bleibt bei einer Elektrifizierungsmaßnahme das Verkehrsangebot konstant, ändern sich die Systemzugangszeiten ebenfalls nicht. Weil sich die Reisezeiten tendenziell nur in geringem Maße reduzieren lassen, entfällt angesichts geringer Verlagerungspotenziale ein wesentliches Argument für die Vornahme der Maßnahme. Monetär bedeutet dies, dass ein verkehrlicher Nutzen zu erwarten ist, der den investiven Aufwand für die Elektrifizierung unter den Voraussetzungen und Bedingungen des Regelverfahrens unter Umständen nicht rechtfertigen kann.

1.2.3 Zielsetzung

Für eine Elektrifizierung von Dieselstrecken können gute Argumente sprechen, auch wenn diese bewertungstechnisch bisher nicht erfasst sind, z. B. weil das Bedienungsangebot unverändert bleibt und Veränderungen des Modal Split über ein geringfügiges Maß hinaus nicht zu erwarten sind. Ziel der vorliegenden Untersuchung ist es, diese Argumente zu sammeln und in einer Form aufzubereiten, die den Einsatz innerhalb eines Bewertungsverfahrens in Analogie zum Regelverfahren der Standardisierten Bewertung erlauben.

Das Bewertungsverfahren soll auch Erkenntnisse zur perspektivischen Entwicklung elektrischer Antriebe und der Rahmenbedingungen ihres Einsatzes berücksichtigen.

Grundlegende Erkenntnisse aus diesem Verfahren sollen Anwendung auf die nicht-elektrifizierten Eisenbahnstrecken in Baden-Württemberg finden, so dass eine grobe Abschätzung der zusätzlich zu erzielenden Nutzen vorgenommen werden kann.

1.2.4 Vorgehensweise

Der vorliegende Bericht beschreibt zunächst Argumente, die für eine Elektrifizierung von Strecken sprechen. Darauf folgt eine Übersicht der nicht-elektrifizierten Strecken des Landes Baden-Württemberg.

Die Zukunftsfähigkeit des elektrischen Betriebs ist Gegenstand eines eigenen Kapitels. Insbesondere werden die Entwicklung des elektrischen Energiemixes sowie die Preise für Strom und Dieselkraftstoff beleuchtet.

Aus den Argumenten für eine Elektrifizierung wird das elektrifizierungsspezifische Bewertungsverfahren hergeleitet. Es ist so konzipiert, dass es auf dem Verfahren der Standardisierten Bewertung aufbaut und einige Merkmale der Standardisierten Bewertung weiterentwickelt.

Seinen Ausgangspunkt nimmt das Verfahren in bisher wenig oder überhaupt nicht betrieblich erfassten Aspekten der Elektrifizierung wie

- der Nutzung von Lückenschlussfunktionen und Durchbindungsmöglichkeiten als Netzverknüpfung,

- der Nutzung als Umleitungsstrecke im Störungsfall sowie

- der Nutzung von Mitbedienungsmöglichkeiten von Reststreckenabschnitten zur Realisierung umlaufbedingter Einsparpotentiale.

Aus dieser Betrachtung heraus werden zunächst Nutzenbeiträge identifiziert, die teils als eigenständige Teilindikatoren mit eigenen Teilmengen- und -wertgerüsten in die Bewertung aufzunehmen sind, und teils innerhalb des Verfahrens durch eine Erweiterung des Mengengerüsts abzubilden sind.

Darüber hinaus werden zusätzliche Nutzenkomponenten durch eine Überarbeitung der Mengen- und Wertansätze, die auch im Regelverfahren Anwendung finden, in die Bewertung eingebracht. Hierbei werden zukünftige Verschiebungen im Preisgefüge von elektrischer Energie und Dieselkraftstoff antizipiert. Gleichzeitig sind auch die energiebezogenen Emissionsfaktoren betroffen.

Eine Verfahrensanleitung zur Bewertung der Elektrifizierung ist nominell Bestandteil des Berichts. Um eine übersichtliche Darstellung zu wahren, und um dem Anwender eine übersichtliche Anleitung an die Hand geben zu können, wird diese als separater Teil ausgeliefert.

Das Bewertungsverfahren wird anhand zweier Beispielrechnungen getestet, die auf Standardisierten Bewertungen von Vorhaben fußen, die Streckenelektrifizierungen umfassen.

Die Erkenntnisse des Verfahrenstests werden auf die Liste der Dieselstrecken des Landes Baden-Württemberg übertragen, so dass die zusätzlichen Nutzenpotenziale bei der Elektrifizierung einzelner Strecken abgeleitet werden können.

2 Bewertungsrelevante Aspekte der Elektrifizierung

2.1 Hypothesen zur Nutzenstiftung durch Elektrifizierung

Für die Elektrifizierung von Eisenbahnstrecken gibt es eine Reihe unterschiedlicher Beweggründe, die der Idee einer Effizienzsteigerung durch eine netzbezogen einheitliche Systemgestaltung entspringen. Diese können sein:

- Das Schließen einer Lücke im elektrisch betriebenen Eisenbahnnetz (*Lückenschluss*)

- Die Schaffung einer Umleitungsmöglichkeit bei Störungsfällen auf benachbarten Strecken (*Umleitungsstrecke*)

- Die Bereitstellung einer Ausweichstrecke zur Übernahme planmäßiger Verkehrsangebote von benachbarten Strecken (*Ausweichstrecke*)

- Das Ermöglichen von Linienverlängerungen bzw. die Verbindung aufgrund eines Traktionswechsels bislang gebrochener Linien (*Linienverlängerung*)

- Die Vermeidung von Dieselfahrten auf angrenzenden elektrifizierten Strecken, um kostspielige Infrastruktur effizienter zu nutzen (*Vermeidung von Dieselfahrten unter Fahrdraht*)

Da durch die Elektrifizierung eine Verbesserung des Status quo bezweckt wird, ist anzunehmen, dass jede durch einen der genannten Beweggründe eingeleitete Streckenelektrifizierung dazu geeignet ist, einen gesamtwirtschaftlich relevanten und quantifizierbaren Nutzengewinn herbeizuführen.

Das zu entwickelnde Bewertungsverfahren muss für die Bearbeitung aller Dieselstrecken in Baden-Württemberg geeignet sein. Da diese wie erwähnt aus sehr unterschiedlichen Gründen Potenziale für eine Elektrifizierung aufweisen, ist zunächst eine detaillierte Analyse und Systematisierung der in Frage kommenden Strecken erforderlich. Damit wird gewährleistet, dass bei der Entwicklung der Bewertungsmethodik alle relevanten Bewertungsparameter von Beginn an berücksichtigt werden.

2.2 Nicht-elektrifizierte Strecken in Baden-Württemberg

Das für die Untersuchung relevante Streckennetz umfasst 47 nicht-elektrifizierte Strecken und Teilstrecken und mit einer Gesamtlänge von mehr als 1.700 km fast die Hälfte des Eisenbahnnetzes im Land Baden-Württemberg. Die überwiegende Mehrzahl der Dieselstrecken ist eingleisig; die zweigleisigen Strecken, namentlich die Südbahn, die Hochrheinbahn und die Hohenlohebahn, zählen in Summe 231 km.

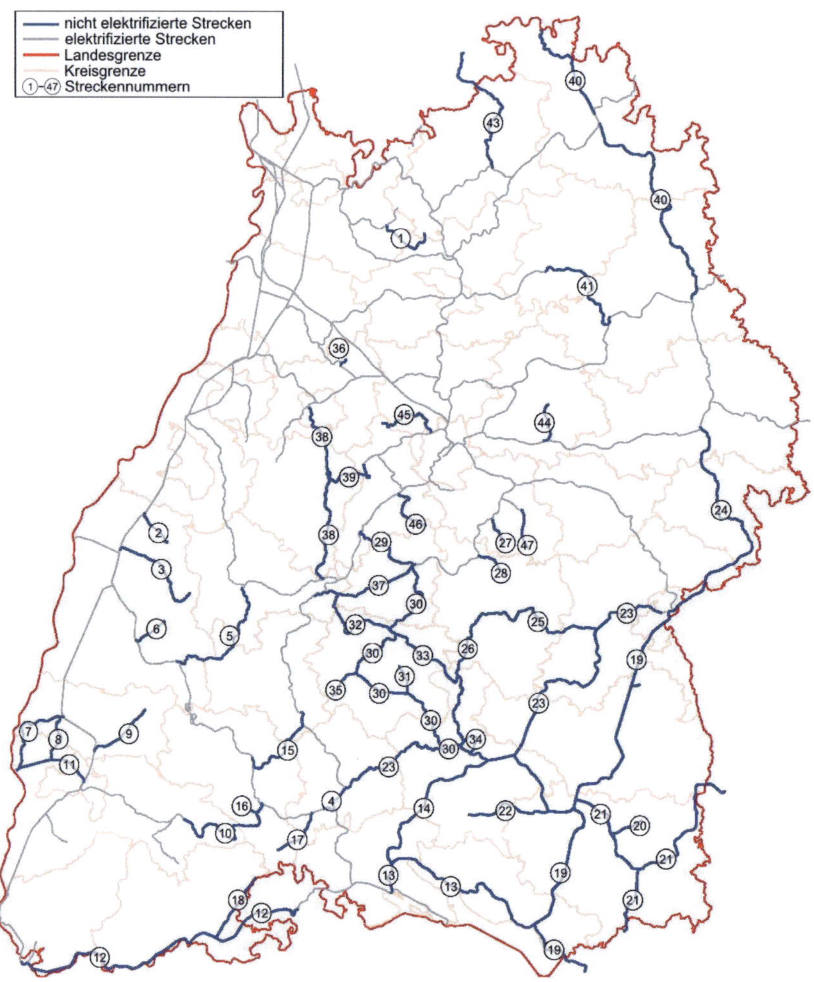

Abbildung 1: Karte der nicht-elektrifizierten Eisenbahnstrecken in Baden-Württemberg

Die geografische Lage der Strecken im Land zeigt Abbildung 1. Insbesondere der Südosten des Landes weist ein zusammenhängendes Netz von Strecken auf, die bislang nicht elektrifiziert wurden. Dies betrifft vorrangig das Gebiet der Schwäbischen Alb und Oberschwaben.

Die wichtigsten Streckendaten sind in Tabelle 1 aufgeführt, dabei wurden die Verkehrszahlen dem Kursbuch der Deutschen Bahn bzw. den Fahrplänen 2012 entnommen.

Nr.	Strecke	KBS	Länge	Gleise	Fahrten/Werktag im Nahverkehr
1	Krebsbachtalbahn	707	17	1	0
2	Achertalbahn	717	10	1	27
3	Renchtalbahn	718	29	1	31
4	Donautalbahn zwischen Tuttlingen und Immendingen	743/755	10	1	57
5	Kinzigtalbahn	721	39	1	36
6	Harmersbachtal	722	11	1	28
7	Kaiserstuhlbahn	723	24	1	24
8	Kaiserstuhlbahn	724	40	1	66
9	Elztalbahn	726	19	1	45
10	Höllentalbahn	727	40	1	33
11	Breisacher Bahn	729	23	1	65
12	Hochrheinbahn	730	94	2	84
13	Bodenseegürtelbahn	731	83	1	53 (westlicher Teil) 69 (östlicher Teil)
14	Ablachtalbahn	732	17	1	57
15	Alemannenbahn	742	27	1	52
16	Bregtalbahn	742	3	1	44
17	Wutachtalbahn (nördlicher Teil)	743	16	1	32
18	Wutachtalbahn (südlicher Teil)	743	20	1	0
19	Südbahn	751	104	2	94
20	Roßbergbahn	752	11	1	0
21	Württembergische Allgäubahn	753	58	1	32
22	Bahnstrecke Altshausen – Pfullendorf	754	26	1	0
23	Donautalbahn	755	134	1	39
24	Brenzbahn	757	72	1	62
25	Schwäbische Albbahn	759	43	1	5

26	Bahnstrecke Kleingestingen – Gammertingen	759	20	1	5
27	Tälesbahn	762	9	1	56
28	Ermstalbahn	763	10	1	32
29	Ammertalbahn	764	21	1	78
30	Zollern-Alb-Bahn 1	766	135	1	54
31	Talgangbahn	767	8	1	0
32	Zollern-Alb-Bahn 4	767	28	1	0
33	Zollern-Alb-Bahn 2	768	50	1	29
34	Bahnstrecke Hanfertal – Sigmaringendorf	-	10	1	0
35	Zollern-Alb-Bahn 3	769	13	0 (1)	0
36	Bahnstrecke Maulbronn West – Maulbronn	772	2	1	0
37	Obere Neckarbahn	774	32	1	55
38	Nagoldtalbahn	774	57	1	55
39	Württembergische Schwarzwaldbahn	776	23	1	0
40	Taubertalbahn	782	66+31	1	34
41	Hohenlohebahn	783	33	2	36
42	Kochertalbahn	-	12	0 (1)	0
43	Madonnenlandbahn	784	30+16	1	34
44	Wieslauftalbahn	790.21	12+23	1	64
45	Strohgäubahn	790.61	22	1	37
46	Schönbuchbahn	790.72	17	1	74
47	Teckbahn	790.81	17	1	26

Tabelle 1: Liste der nicht-elektrifizierten Strecken in Baden-Württemberg

Einige Strecken teilen sich in zwei oder mehr Streckenabschnitte, die bisweilen quantitative Unterschiede in der täglichen Bedienung aufweisen. In diesen Fällen ist ein nach Länge der Streckenabschnitte gewichteter Durchschnittswert der Bedienungshäufigkeit angegeben. Die Tabelle enthält der Vollständigkeit halber auch einige stillgelegte Strecken bzw. Strecken ohne Verkehrsangebot an Werktagen. Auf einigen dieser Strecken gibt es jedoch einzelne Fahrten am Wochenende im Museums- oder Touristikbetrieb.

2.3 Systematisierung der nicht-elektrifizierten Strecken

Eine Systematisierung der Diesel-Strecken in Baden-Württemberg kann in einem ersten Schritt hinsichtlich ihrer Eignung für die in Abschnitt 2.1 beschriebenen, bisher nicht explizit bewerteten Elektrifizierungsgründe vorgenommen werden. In Tabelle 2 wurde eine Zuordnung der Strecken zu den einzelnen Kategorien vorgenommen:

Kategorien	**Erläuterung**
Lückenschluss	Die Elektrifizierung der Strecke stellt einen **Lückenschluss** im elektrisch betriebenen Eisenbahnnetz.
Umleitung	Wenn elektrifiziert, kann die Strecke bei Störungsfällen auf benachbarten elektrifizierten Strecken als **Umleitungsstrecke** genutzt werden.
Ausweichstrecke	Wenn elektrifiziert, können Verkehre von benachbarten, stark belasteten Strecken planmäßig übernommen werden.
Verlängerung	a) Die Strecke kann über eine **Linienverlängerung** in Verkehrsangebote mit elektrisch angetriebenen Fahrzeugen einbezogen werden. b) Fahrten mit dieselgetriebenen Fahrzeugen, deren Teilwege elektrifizierte und nichtelektrifizierte Strecken umfassen, können von elektrisch angetriebenen Fahrzeugen übernommen werden (Vermeidung von Dieselfahrten unter Fahrdraht).

Legende der Kategorisierung

- ● Nichtelektrifizierte Strecke kategorisiert

- ● Nichtelektrifizierte Strecke bedingt kategorisiert

- ● Nichtelektrifizierte Strecke kategorisiert, Elektrifizierung geplant oder in Bau

- – Keine der genannten Kategorien zutreffend

Nr.	Bahnstrecke	KBS	Lücken-schluss	Umleitung	Ausweich-strecke	Ver-längerung[2]
1	Krebsbachtalbahn	707	-	-	-	●
2	Achertalbahn	717	-	-	-	●
3	Renchtalbahn	718	-	-	-	●
4	Donautalbahn	720	-	●[3]	-	-
5	Kinzigtalbahn	721	●	●[4]	-	-
6	Harmersbachtal-bahn	722	-	-	-	●
7	Kaiserstuhlbahn	723	-	-	-	●
8	Kaiserstuhlbahn	724	-	-	-	●
9	Elztalbahn	726	-	-	-	●
10	Höllentalbahn	727	●	●[5]	-	●
11	Breisacher Bahn	729	-	-	-	●
12	Hochrheinbahn	730	●	●[6]	-	-
13	Bodenseegürtel-bahn	731	●	●[7]	-	-
14	Ablachtalbahn	732	-	-	-	●
15	Alemannenbahn	742	●	●[8]	-	-
16	Bregtalbahn	742	-	-	-	●[9]
17	Wutachtalbahn	743	-	-	-	●
18	Wutachtalbahn	743	-	-	-	●

[2] Linienverlängerungen und Vermeidung von Dieselfahrten unter Fahrdraht

[3] Tuttlingen – Hattingen

[4] Schwarzwaldbahn

[5] Hochrheinbahn; deren (beschlossene) Elektrifizierung vorausgesetzt

[6] Schwarzwaldbahn, Schweizer Strecke

[7] Schweizer Strecke

[8] Gäubahn, Schwarzwaldbahn

[9] Elektrifizierung der Höllentalbahn bis Donaueschingen vorausgesetzt

Nr.	Bahnstrecke	KBS	Lücken-schluss	Umleitung	Ausweich-strecke	Ver-längerung[2]
19	Südbahn	751	●	● [10]	-	●
20	Roßbergbahn	752	-	-	-	●
21	Württ. Allgäubahn	753	-	-	-	-
22	Altshausen – Pfullendorf	754	-	-	-	-
23	Donautalbahn	755	●	-	-	●
24	Brenzbahn	757	●	● [11]	●	● [12]
25	Schw. Albbahn	759	-	-	-	-
26	Kleinengstingen – Gammertingen	759	-	-	-	-
27	Tälesbahn	762	-	-	-	●
28	Ermstalbahn	763	-	-	-	●
29	Ammertalbahn	764	●	● [13]	-	●
30	Zollern-Alb-Bahn 1	766	● [14]	● [15]	-	-
31	Talgangbahn	767	-	-	-	-
32	Zollern-Alb-Bahn 4	767	-	-	-	-
33	Zollern-Alb-Bahn 2	768	-	-	-	-
34	Hanfertal – Sigma-ringendorf	–	-	-	-	-
35	Zollern-Alb-Bahn 3	769	-	-	-	-
36	Maulbronn West – Maulbronn	772	-	-	-	●

---

[10] Gäubahn
[11] Filstalbahn
[12] Elektrifizierung der Südbahn vorausgesetzt
[13] Gäubahn
[14] Elektrifizierung der Südbahn vorausgesetzt
[15] Filstalbahn, Südbahn

Nr.	Bahnstrecke	KBS	Lücken-schluss	Umleitung	Ausweich-strecke	Ver-längerung[2]
37	Obere Neckar-bahn	774	●	●[16]	-	-
38	Nagoldtalbahn	774	●	●[17]	-	-
39	Württ. Schwarz-waldbahn	776	-	-	-	●
40	Taubertalbahn	782	●	●[18]	-	●
	Taubertalbahn		-	-	-	●
41	Hohenlohebahn	783	●	●[19]	-	●
42	Kochertalbahn	-	-	-	-	-
43	Madonnenland-bahn	784	-	-	-	●
44	Wieslauftalbahn	790.21	-	-	-	●
45	Strohgäubahn	790.61	-	-	-	●
46	Schönbuchbahn	790.72	-	-	-	●
47	Teckbahn	790.81	-	-	-	●

Tabelle 2: Kategorisierung der nicht elektrifizierten Strecken

Im Ergebnis sind von den 47 betrachteten Dieselstrecken in Baden-Württemberg bei einer Elektrifizierung

- 14 Strecken geeignet, einen Lückenschluss herzustellen,
- 14 Strecken als Umleitungsstrecke im Störungsfall geeignet,
- nur eine Strecke als generelle Ausweich- oder Entlastungsstrecke geeignet und
- 30 Strecken bieten sich für die Verlängerung bestehender Linien an.

---

[16] Gäubahn

[17] Gäubahn

[18] Frankenbahn

[19] Murrbahn

2.4 Beurteilung der Hypothesen

Die in Abschnitt 2.1 genannten Hypothesen sind mit dem Regelverfahren der Standardisierten Bewertung abzugleichen.

Der Betrieb von schienengebundenen Verkehren wird innerhalb des Regelverfahrens mengenmäßig erfasst und mit durchschnittlichen Kosten- und Wertansätzen belegt. Dies gilt sowohl für Wirkungen auf den Betreiber, die sich unter dem Begriff der Betriebskosten zusammenfassen lassen, als auch für Wirkungen auf die Allgemeinheit in Form von Kohlendioxid-, Schadstoff- und gegebenenfalls Schallemissionen.

Über die Modellierung des Verkehrsangebots – dies umfasst die Definition von Linienwegen, Bedienungshäufigkeiten und Fahrzeugeinsatz – würden schon im Regelverfahren verkehrliche, betriebliche und aus beidem folgende monetäre Wirkungen von solchen Maßnahmen erfasst, die entweder

- eine Lückenschlussfunktion im elektrischen Netz erfüllen
- oder die Möglichkeit nutzen, elektrisch betriebene Linien zu verlängern.

Eine eigene Bewertungsmethodik mit Fokus auf die Argumente des Lückenschlusses und der Linienverlängerung muss somit nicht gefunden werden. Aus Gründen der Praktikabilität ist an dieser Stelle das Vorgehen des Regelverfahrens zur Bewertung der verkehrlichen Wirkungen und des Betriebs zu übernehmen. Eine Anpassung der Bewertungsmethodik, vor allem der Kosten- und Wertansätze, kann jedoch aus den Ausführungen zu den Perspektiven des elektrischen Betriebs (Kapitel 3) heraus geboten sein.

Wie die Liste des dieselbetriebenen Schienennetzes zeigt, könnte sich eine einzige Strecke, die Brenzbahn zwischen Aalen und Ulm, als Ausweichstrecke für Verkehre von anderen, annähernd parallelen und an der Lastgrenze operierenden Nachbarstrecken andienen, sofern sie elektrifiziert würde; hier konkret für Schienenverkehre der südlich gelegenen Filstalbahn, die somit den Engpass der Geislinger Steige umgehen könnten. Weil ein Ausweichen über die Remsbahn und im weiteren Verlauf über die Brenzbahn erstens eine Verlängerung der zu fahrenden Strecke bedeutet, und zweitens ohne weitere Infrastrukturmaßnahmen eine Zugwende in Aalen erfordern würde, erscheint die theoretische Ausweichmöglichkeit wenig praktikabel. Damit entfällt mit der einzigen prinzipiell geeigneten Strecke in Baden-Württemberg auch das Elektrifizierungsargument des Schaffens einer Ausweichmöglichkeit. Eine darauf ausgelegte Bewertungsmethodik ist daher im Kontext dieser Untersuchung nicht erforderlich.

Wird durch eine Elektrifizierungsmaßnahme die Möglichkeit geschaffen, Verkehre benachbarter Strecken im Störungsfall über die untersuchte Infrastruktur umzuleiten, so wird dies im Regelverfahren bislang nicht erfasst. Daher ist dieser Aspekt gesondert zu untersuchen.

Werden Dieselfahrzeuge auf elektrifizierten Strecken eingesetzt, weil in der Regel im weiteren Fahrtverlauf eine nicht-elektrifizierte Strecke zu befahren ist, so wird kostspielige Infrastruktur nicht effizient genutzt. Dies betrifft nicht nur Fahrten im Nah- und Regionalverkehr, die Untersuchungsobjekte des Regelverfahrens sind, sondern auch Personenfern- und Güterverkehre. Für diese Verkehrsarten, die vom Regelverfahren bislang nicht erfasst werden, ist demnach eine Erweiterung des Regelverfahrens sinnvoll.

3 Perspektiven elektrischer Antriebe

3.1 Erfordernis einer zukunftsgerichteten Betrachtung

Die Standardisierte Bewertung basiert auf den Gegebenheiten des Jahres 2006. Zur Anwendung kommen konstante Energie- und Kraftstoffpreise mit diesem Bezugsjahr, und gleichzeitig wird innerhalb der Bewertung ein auch künftig gleichbleibender Energiemix zur Erzeugung elektrischer Energie unterstellt.

Seitdem hat die Abkehr der Energiegewinnung aus fossilen und nuklearen Quellen hin zu einer regenerativen Energieversorgung deutlich höheres Gewicht als gesellschaftliches Ziel erlangt. ist. Maßgeblich wird die Energiewende durch energie- und umweltpolitische Gesetzgebung gestaltet, unter der insbesondere das Gesetz für den Vorrang erneuerbarer Energien (Erneuerbare-Energien-Gesetz, EEG) hervorzuheben ist.

Heute schon absehbare Änderungen der Rahmenbedingungen und daraus folgende Verschiebungen und Veränderungen im Vergleich der alternativen Antriebskonzepte „Strom" und „Diesel" bleiben im Verfahren der Standardisierten Bewertung damit unberücksichtigt.

Die nachfolgenden Abschnitte behandeln daher vertieft die Gestaltung der Versorgung mit elektrischer Energie, die Zusammensetzung von Energiepreisen und deren künftige Entwicklung.

Weitere Aspekte der Elektrifizierung, die in der Bewertung von Elektrifizierungsmaßnahmen perspektivisch größere Bedeutung erlangen können, werden in Abschnitt 3.6 erörtert.

3.2 Gestaltung der Energieversorgung

3.2.1 Quellen elektrischer Energie im Jahr 2005

Die Ableitung von der Erzeugung elektrischer Energie abhängiger Größen erfolgt in der Standardisierten Bewertung in der Version 2006 auf Grundlage des bundesweiten Energiemixes des Jahres 2005. Die Energieträgeranteile an der Stromerzeugung im Jahr 2005 stellen sich wie in Abbildung 2 gezeigt dar.[20]

Dominierende Energieträger waren Braun- und Steinkohle sowie die Kernenergie. Der Anteil erneuerbarer Energien betrug hingegen lediglich 10,2 %. Beim Einsatz fossiler Brennstoffe wird aufgrund der chemischen Prozesse stets ein gewisses Maß an Kohlenstoff in Form von Kohlendioxid freigesetzt. Auch das Emissionsniveau von Luftschadstoffen liegt tendenziell höher als bei anderen Prozessen der Energieerzeugung.

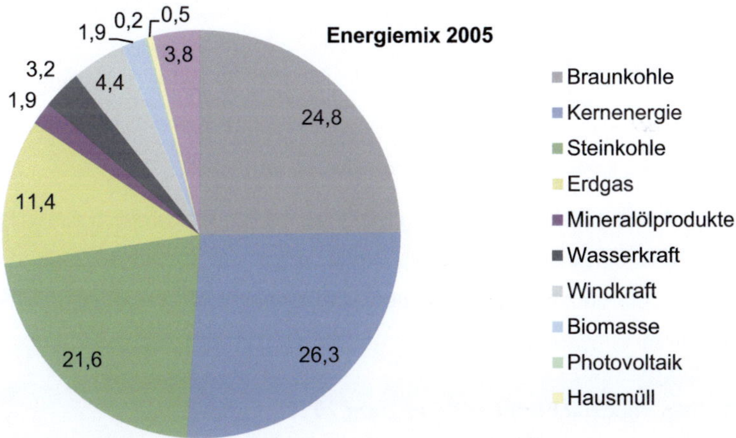

Abbildung 2: Energieträgeranteile an der Stromerzeugung im Jahr 2005

Gegenüber dem allgemeinen, durchschnittlichen Strommix weist der Bahnstrommix des Jahres 2005 (Abbildung 3) signifikant höhere Anteile der Stromerzeugung aus Kernenergie und aus Steinkohle auf.[21]

---

[20] Datenbank des Umweltbundesamtes, http://www.probas.umweltbundesamt.de, Prozess El-KW-Park-DE-2005

[21] Datenbank des Umweltbundesamtes, http://www.probas.umweltbundesamt.de, Prozess El-KW-Park-DE-2005-Bahn

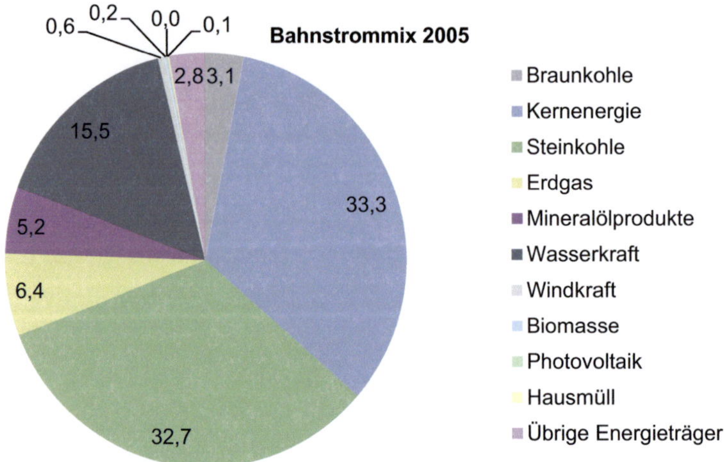

Abbildung 3: Energieträgeranteile an der Bahnstromerzeugung im Jahr 2005

Da auch der Anteil der Stromerzeugung aus Wasserkraft im Vergleich zum allgemeinen Energiemix ein Vielfaches beträgt, sind schon für das Jahr 2005 die aus Bahnstrom herrührenden klimarelevanten Emissionen auf einem vergleichsweise niedrigen Niveau zu verorten.

3.2.2 Quellen elektrischer Energie im Jahr 2020

Gegenüber dem Energiemix 2005 werden sich die bereits bis 2011 eingetretenen Veränderungen weiter verstärken. Die Prognosen zu den Energieträgeranteilen an der Stromerzeugung zeigen, dass Braunkohle und Steinkohle leicht, sowie Kernenergie (von 26,3 auf 5,4 %) stark zurückgehen werden. Demgegenüber werden Erdgas (von 11,4 auf 19,2 %) und Windkraft (von 4,4 auf 14,2 %) erheblich ansteigen. Auch Biomasse, Photovoltaik und Hausmüll steigen je für sich erheblich an, die Anteile an der Gesamtstromerzeugung bleiben jedoch noch gering.

Beim Bahnstrommix werden bis 2020 die Anteile der Kernenergie (von 33,3 auf 7,9 %) und der Steinkohle (von 32,7 auf 23,5 %) drastisch reduziert. Dafür steigen die Anteile Erdgas (von 6,4 auf 30,7 %) und Windkraft (von 0,6 auf 7,3 %) entsprechend an.

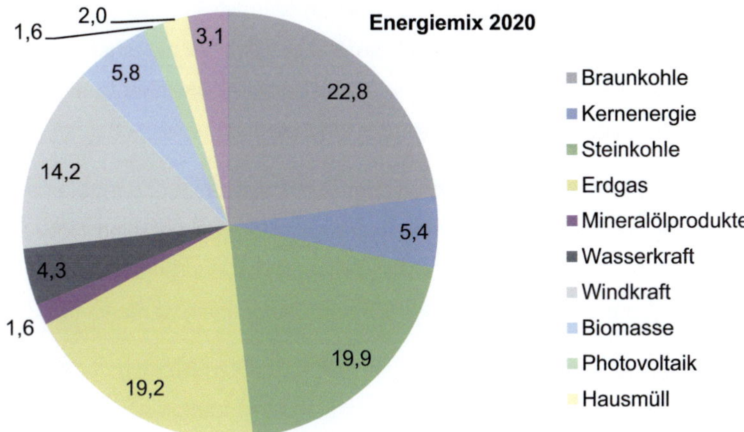

Abbildung 4: Energieträgeranteile an der Stromerzeugung im Jahr 2020

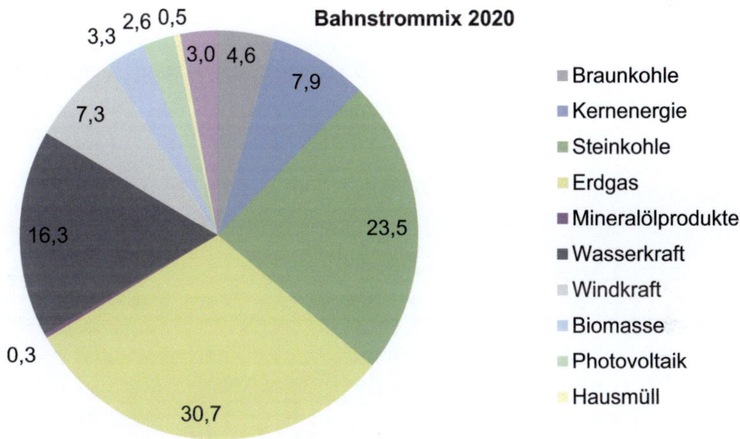

Abbildung 5: Energieträgeranteile an der Bahnstromerzeugung im Jahr 2020

3.2.3 Allgemeiner Strommix vs. Bahnstrommix

Die Standardisierte Bewertung nutzt bei der Ermittlung der Wirkungen den allgemeinen Strommix als Bewertungsgrundlage. Bei der Bewertung von Elektrifizierungsmaßnahmen von Eisenbahnstrecken wäre generell auch der Ansatz der Bahnstromerzeugung möglich. Als Grundlage dieser Untersuchung wird jedoch ebenfalls der allgemeine Strommix verwendet, auch wenn dadurch die Wirkungen eher zu Ungunsten der Maßnahmen ausfallen. Gründe hierfür sind:

- der Bahnstrommix gilt nur für die Erzeugung/Bereitstellung von Strom durch DB Energie; die EVU haben jedoch die Wahlmöglichkeit zwischen Vollversorgung durch die DB Energie oder den Fremdbezug elektrischer Energie und deren Durchleitung durch das Netz der DB Energie;

- die zusätzlich benötigte Energie bedingt den Ersatz dieser Energie an anderer Stelle; die Gesamtbilanz der Energieerzeugung kann dabei dann nicht verändert werden, wenn der Energiebedarf der elektrifizierten Strecken nicht sofort vollständig aus der Erzeugung des Bahnstroms gedeckt werden kann.

Zur Vermeidung von Verzerrungen im Ergebnis und zur Reduzierung der Notwendigkeit einer laufenden Anpassung der Stromerzeugungsparameter bei ungedecktem Energiebedarf durch die eigene Bahnstromversorgung wird für die weitere Untersuchung der allgemeine Strommix in Ansatz gebracht.

3.2.4 Langfristiger Ausblick

Einen Eindruck von den historischen und künftigen Verschiebungen im allgemeinen Energiemix vermittelt Abbildung 6. Die Abbildung zeigt für den Zeitraum 2000 bis 2010 die historischen Energieträgeranteile an der Stromerzeugung, die von der AG Energiebilanzen im Jahresturnus zusammengestellt werden.[22]

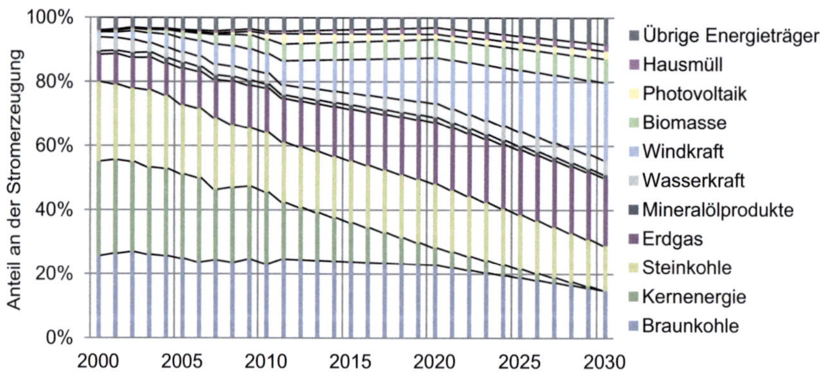

Abbildung 6: Energieträgeranteile an der Stromerzeugung in den Jahren 2000 bis 2030

---

[22] (AG Energiebilanzen 2012). Die Arbeitsgemeinschaft Energiebilanzen e. V. wird von Verbänden der Energiewirtschaft und Forschungsinstituten getragen.

Noch im Jahr 2000 wurden 93 % des Stromes aus konventionellen – fossilen und nuklearen – Energiequellen gewonnen. Den erneuerbaren Energien waren etwa 7 % zuzurechnen. Insbesondere durch einen Ausbau der Windenergie, den Aufbau von Biomassekraftwerken und den durch die dynamische Entwicklung der Photovoltaik zwischen den Jahren 2009 und 2011 stieg der Anteil der erneuerbaren Energien auf 20 % im Jahr 2011.

Unter anderen gehen (Prognos, EWI, GWS 2010) und (Prognos, EWI, GWS 2011) davon aus, dass der Anteil regenerativer Energien bis zum Jahr 2020 zunächst auf 30 % anwachsen wird, bis im Jahr 2030 die Hälfte der elektrischen Energie regenerativ erzeugt wird.

Unter Verwendung dieser Annahmen für die Jahre 2020 und 2030 wurden die Stromerzeugungsanteile für die Zwischenzeiträume linear interpoliert, um die zeitlichen Verschiebungen der Stromerzeugungsanteile darzustellen.

3.3 Strompreise

3.3.1 Preisdifferenzierung

Strompreise werden nach Kundensegmenten differenziert. Während Haushaltsendkunden die höchsten Preise zahlen, liegt der Preis für gewerbliche Kunden, zu denen auch die Verkehrsunternehmen zählen, deutlich niedriger. Den niedrigsten Strompreis zahlen energieintensive Betriebe.

Die Preisdifferenzen sind zunächst auf die abgenommenen Mengen und damit verbundene Rabattierungen zurückzuführen. Darüber hinaus werden zusätzlich erhobene Umlagen, die beispielsweise die Kosten der Förderung erneuerbarer Energien abdecken, für energieintensive Betriebe ermäßigt.

3.3.2 Zusammensetzung der Letztverbraucher-Strompreise

Die Kosten der Erzeugung bilden nur einen Bestandteil des vom Letztverbraucher getragenen Strompreises. Hinzu kommen gesetzlich verordnete und gestattete Umlagen und Steuern als staatliche Finanzierungs- und Lenkungsinstrumente. Die Bestandteile des Strompreises sind im Einzelnen:

- Kosten der Erzeugung und des Vertriebs
- Netzentgelte

- Umlagen nach dem Erneuerbare-Energien-Gesetz (EEG)
- Umlage nach dem Kraft-Wärme-Kopplungsgesetz (KWKG)
- Umlagen nach § 19 Abs. 2 StromNEV
- Konzessionsabgaben
- Offshore-Haftungsumlage
- Die Stromsteuer nach StromStG

Die **Kosten der Erzeugung und des Vertriebs** sind die auf die Erzeugung des Stroms in Kraftwerken und auf den Handel und Vertrieb des Stroms entfallenden Preisbestandteile.

Netzentgelte spiegeln die Kosten des Transports elektrischer Energie wider. Netzbetreiber müssen die verlangten Entgelte durch die Bundesnetzagentur genehmigen lassen.

Die Umlage nach dem Erneuerbare-Energien-Gesetz, sogenannte **EEG-Umlagen**, dient der Deckung der Nettoausgaben der Förderung erneuerbarer Energien. Strom aus erneuerbaren Energien genießt Vorrang bei der Einspeisung in die öffentlichen Netze. Die Förderung besteht in einer staatlich garantierten Einspeisevergütung.

Per Kraft-Wärme-Kopplung erzeugter Strom wird ebenso nach gesetzlicher Vorgabe vergütet. Auch ihm wird Einspeisevorrang eingeräumt. Die Kosten der Förderung werden nach dem Kraft-Wärme-Kopplungsgesetz (KWKG) in Analogie zum EEG mit der **KWKG-Umlage** den Letztverbrauchern auferlegt.

Mit der sogenannten **§-19-Umlage**, der Umlage nach § 19 Abs. 2 StromNEV, werden seit Anfang des Jahres 2012 die Kosten der Befreiung energieintensiver Betriebe von den Netzentgelten den Endverbrauchern auferlegt.

Für die Erlaubnis, als Energieversorger öffentliche Wege zur Errichtung und zum Betrieb von Leitungsnetzen zu nutzen, sind **Konzessionsabgaben** an die öffentlichen Träger dieser Wege – Städte und Gemeinden – zu leisten. Diese auf Grundlage der durchgeleiteten elektrischen Energie erhobenen Abgaben werden an die Letztverbraucher weitergereicht. Konzessionsabgaben werden auf Grundlage der Konzessionsabgabenverordnung (KAV) in Konzessionsverträgen zwischen Energieversorgern und Kommunen vereinbart.

Derzeit ist als **Offshore-Haftungsumlage** im Zuge der Novellierung des Energie-wirtschaftsgesetzes (EnWG) eine Regelung in Vorbereitung, nach der ab dem 1. Januar 2013 den Letztverbrauchern Haftungsrisiken aus verspäteter Netzanbindung von Offshore-Windparks übertragen werden.

Die **Stromsteuer** nach StromStG wurde im Zuge der ökologischen Steuerreform im Jahr 199 als ordnungspolitisches Lenkungsinstrument des Stromverbrauchs einge-führt. Seit dem Jahr 2003 beträgt der Regelsteuersatz 2,05 Ct/kWh.

3.3.3 Ermäßigungen für Betriebe von Schienenbahnen

Am Gemeinwohl orientiert werden energieintensive Betriebe in Bezug auf die zahl-reichen dem Letztverbraucher auferlegten Umlagen entlastet. Von den Ermäßigun-gen profitieren auch Betriebe von Schienenbahnen, für die in Abgrenzung zum pro-duzierenden Gewerbe eigene Regelungen gelten.

Unter den Voraussetzungen des § 42 Abs. 2 EEG können Schienenbahnbetriebe eine Ermäßigung nach § 42 Abs. 1 EEG in Anspruch nehmen. Die ermäßigte EEG-Umlage beträgt dann 0,05 Ct/kWh, wird jedoch nicht auf den vollen Stromverbrauch angerechnet, sondern auf 90 % des jährlichen Energiebedarfs. Die übrigen 10 % des Stromverbrauchs unterliegen der vollen EEG-Umlage.

Die Regelungen zur Ausnahme energieintensiver Betriebe von der Erhebung der EEG-Umlage werden auf politischer Ebene intensiv diskutiert. Tendenziell ist mittel-fristig eine restriktivere Gestaltung der geschilderten Ausnahmetatbestände zu Las-ten sowohl energieintensiver Betriebe des produzierenden Gewerbes als auch be-günstigter Schienenbahnbetriebe zu erwarten. Zum gegenwärtigen Zeitpunkt sind definitive Regelungsinhalte noch nicht bekannt.

Von den Netznutzungsentgelten soll der Kunde nach § 19 Abs. 2 StromNEV befreit werden, wenn der jährliche Energiebedarf die Grenze von 10 GWh bei einer Benut-zungsstundenzahl von mindestens 7.000 Stunden übersteigt. Von dieser Vergünsti-gung können tendenziell mittelgroße bis große EVU profitieren, die entweder ein ausgedehntes Verkehrsnetz oder mehrerer Einzelstrecken mit hinreichender Be-triebsleistung betreiben. Ein eigener Ausnahmetatbestand für Schienenbahnen in Analogie zu den Regelungen zur EEG-Umlage wurde nicht geschaffen.

Eine Befreiung von den Netznutzungsentgelten hat nicht zur Folge, dass die hieran anknüpfende Ausgleichs-Umlage nach § 19 Abs. 2 StromNEV nicht erhoben würde. Die Höhe der Umlage richtet sich nach dem Stromverbrauch. Während auf eine Grundleistung von 100 MWh immer die volle Umlage berechnet wird, wird die übrige Abnahmemenge mit einem geringeren Umlagesatz beaufschlagt. Für Betriebe von Schienenbahnen kann dieser ermäßigte Satz nochmals reduziert werden, sofern die Stromkosten im vorangegangenen Kalenderjahr 4 % des Umsatzes überstiegen.

Für die Umlage nach dem KWKG existiert ebenfalls kein eigener Ausnahmetatbestand für Schienenbahnen. Weil die Umlage nach Letztverbraucherkategorien in Abhängigkeit des Strombezugs differenziert erhoben wird, können EVU für Strombezüge über 100 MWh von einer niedrigeren Umlage profitieren. Betragen die Ausgaben für elektrische Energie mehr als 4 % des Umsatzes, greift eine weitere Ermäßigung der KWK-Umlage.

Konzessionsabgaben können regionale Unterschiede aufweisen. Die Konzessionsabgabenverordnung gibt lediglich Obergrenzen vor, die von der zwischen Energieversorger und Kommune vereinbarten Abgabe nicht überstiegen werden darf. Unterschieden wird dabei nach dem Vertragsstatus des Letztverbrauchers; für Sondervertragskunden, zu denen definitorisch auch Schienenbahnen mit einem Jahresverbrauch von mehr als 30 MWh zählen, beträgt die Konzessionsabgabe höchstens 0,11 Ct/kWh, während von Tarifkunden in Städten mit mehr als 500.000 Einwohnern bis zu 2,39 Ct/kWh erhoben werden können.

Im Hinblick auf die über den neuen § 17 f EnWG erhobene Offshore-Haftungsumlage, die zum 1. Januar 2013 eingeführt werden soll, unterliegen Betriebe von Schienenbahnen denselben Regelungen wie alle anderen Letztverbraucher, die keine Unternehmen des produzierenden Gewerbes sind. Bis zu einem Jahresverbrauch von 1 GWh ist demnach die volle Umlage von maximal 0,25 Ct/kWh zu entrichten. Darüber hinausgehende Abnahmemengen unterliegen einer ermäßigten Umlage von 0,05 Ct/kWh.

Auf Strom für den Betrieb von Oberleitungsbussen und Schienenbahnen wird nach § 9 Abs. 2 StromStG eine ermäßigte Stromsteuer erhoben, deren Satz seit dem Jahr 2005 konstant 1,141 Ct/kWh beträgt.

3.3.4 Entwicklung und Zusammensetzung des Industriestrompreises

Basisjahr für alle Kosten- und Wertansätze der Standardisierten Bewertung in der Version 2006 ist das Jahr 2005. Der für Schienenbahnen in der Regel maßgebliche Industriestrompreis betrug in jenem Jahr inklusive Stromsteuer durchschnittlich 9,73 Ct./kWh. Er setzte sich wie in Abbildung 7 dargestellt zusammen.[23]

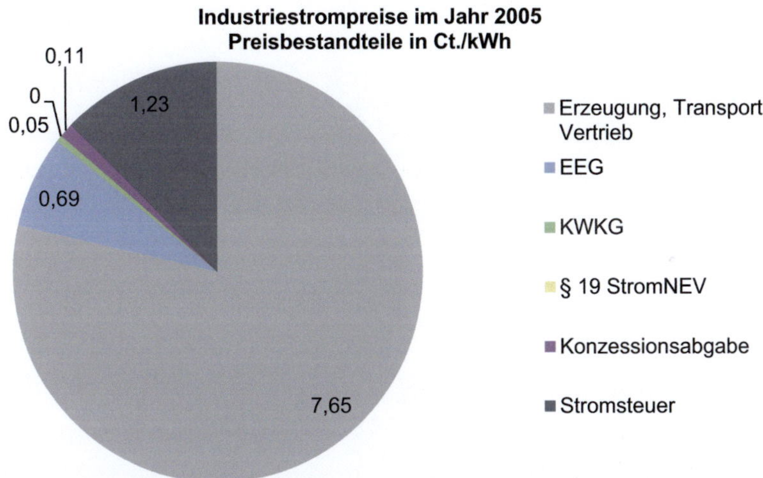

Abbildung 7: Zusammensetzung des Industriestrompreises im Jahr 2005

Den größten Anteil zeigen mit 7,65 Ct/kWh die Preise für Erzeugung, Transport und Vertrieb. Die EEG-Abgabe ist mit 0,69 Ct/kWh, die Stromsteuer mit 1,23 Ct/kWh ausgewiesen.

Im Jahr 2012 betrug der maßgebliche Industriestrompreis (Mittelspannung, inklusive Stromsteuer) durchschnittlich 14,02 Ct/kWh. Dabei stieg der Preis für Erzeugung, Transport und Vertrieb auf 8,67 Ct/kWh, für die EEG-Abgabe waren 3,59 Ct/kWh zu begleichen und die Stromsteuer stieg auf 1,54 Ct/kWh (siehe Abbildung 8).

---

[23] (BDEW 2012)

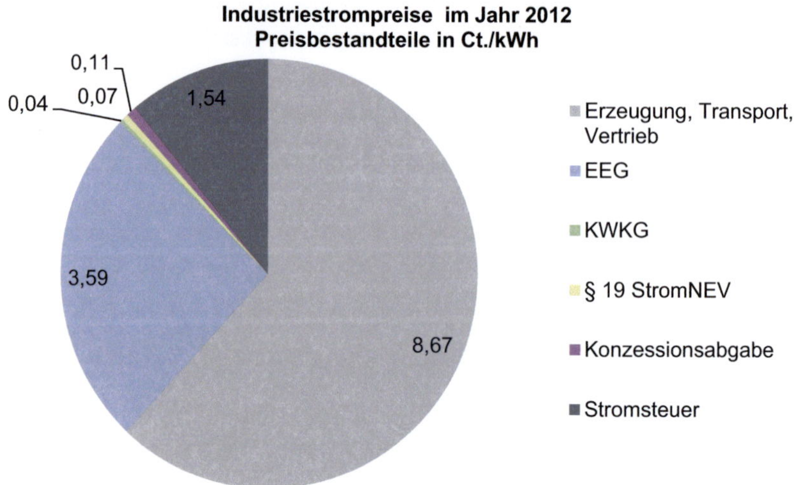

Abbildung 8: Zusammensetzung des Industriestrompreises im Jahr 2012

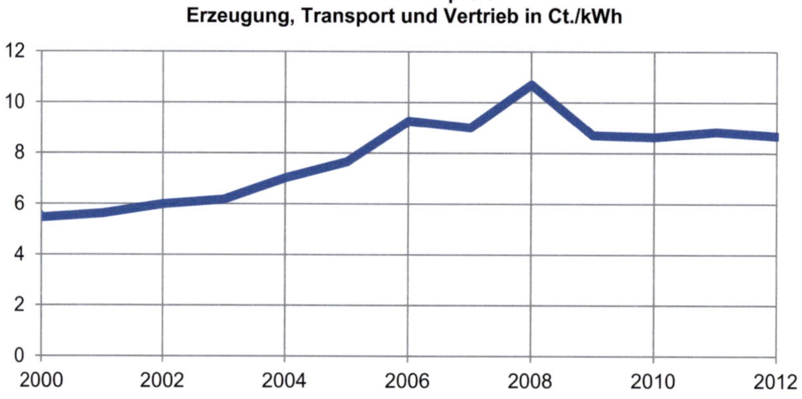

Abbildung 9: Entwicklung des Preisbestandteils für Erzeugung, Transport und Vertrieb von Industriestrom

Die Entwicklung des Preisbestandteils für Erzeugung, Transport und Vertrieb von 2000 bis 2012 ist für den Industriestrom in Abbildung 9 dargestellt. Dabei zeigt sich, dass von 2000 bis 2008 ein stetiger Anstieg zu verzeichnen ist, von 2008 auf 2009 ein Rückgang sowie seither praktisch eine Konstanz.

3.3.5 Zukünftige Entwicklung der Strompreise

Als Treiber der Entwicklung des Strompreises gelten:

- Steigende Brennstoffpreise: Steigerung wegen zunehmender Knappheit und Spekulation
- Steigende Kosten für CO_2-Emissionen in Verbindung mit den Treibhausgaszertifikaten des Kyoto-Protokolls
- Investitionen der Energieunternehmen in erneuerbare Energien
- Atomausstieg und Energiewende erfordern verstärkte Investitionen in Leitungsnetze und Energiespeicher
- Steigender Bedarf an Brennstoffen in BRIC-Staaten (Brasilien, Russland, Indien, China) führt zu einer Verknappung von Ressourcen, die auch zur Stromerzeugung eingesetzt werden
- Höhere Umwelt- und Klimaschutzauflagen

Einen dämpfenden Effekt auf die Entwicklung der Strompreise haben:

- Die gute Kapazitätssituation in Deutschland: Einerseits wegen guter Netzinfrastruktur und neuen, leistungsfähigeren Kraftwerken, zum anderen wegen einer tendenziell rückläufigen Nachfrage in Deutschland
- Weiterer Netzausbau und verstärkter Einsatz von erneuerbaren Energien im In-und Ausland gleichen die schwankende Produktion von erneuerbaren Energien aus und helfen auf mittlere bis lange Sicht, diese kostengünstiger zu machen (z.B. weniger Redundanz)
- Effizienzsteigerungen der Kraftwerke führen im Zeitverlauf zu einem niedrigeren Ressourceneinsatz zur Erzeugung elektrischer Energie

Durch die Einführung der Offshore-Haftungsumlage und weitere Steigerungen der EEG-Umlage ist kurzfristig mit einem weiteren Anstieg des Strompreises zu rechnen. Industriekunden, zu denen auch Schienenbahnbetriebe zählen, sind gegenwärtig aufgrund geltender Ausnahmetatbestände zur EEG-Umlage weit weniger betroffen als Haushaltskunden. Die künftige Ausgestaltung dieser Regelungen ist jedoch ungewiss (vgl. Abschnitt 3.3.3).

Mittelfristig ist durch die im Zuge der Energiewende erforderlichen Netzausbauten auch eine Steigerung der Netzentgelte zu erwarten. Weil sich die Netzentgelte regional erheblich unterscheiden können, ist eine quantitative Einschätzung schwer vorzunehmen.

Veränderte Kostenstrukturen der Energieerzeugung ergeben sich aus anteiligen Verschiebungen der genutzten Energiequellen. Diese äußern sich in nicht geringem Maße in weiteren Änderungen des Strompreises.

Den Preistreibern wirken Effizienzsteigerungen in der Stromerzeugung entgegen. Möglich wird dies sowohl durch (geringfügige) Steigerungen des Wirkungsgrades konventioneller Kraftwerke als auch durch Fortschritte in der Photovoltaik und durch die Entwicklung leistungsstärkerer Windkraftanlagen.

Um die künftige Entwicklung der Strompreise näher zu beleuchten, wurden sechs Studien ausgewertet, die unter anderem die erwähnten Ursachen von Strompreisänderungen zur Grundlage nehmen:

- (Prognos, EWI, GWS 2011)
- (Prognos, EWI, GWS 2010)
- (IER, RWI, ZEW 2010)
- (Prognos, EWI 2007)
- (EWI, EEFA 2008)
- (Capros, et al. 2010)

Die in den Studien vorgestellten Szenarien lassen sich grob in vier Dimensionen einordnen:

- Der Anteil der erneuerbaren Energien am Stromverbrauch; die Annahmen schwanken alleine für das Jahr 2020 zwischen 18 % und 36 %.
- Das Ausmaß der künftigen Nutzung atomarer Energie; entweder werden die Laufzeiten deutscher Atomkraftweke verlängert, oder sie werden mittelfristig vom Netz genommen
- Die Ausgestaltung des Emissionshandels: In der aktuellen Form werden die Zertifikate kostenlos vergeben, eine weitergehende Begrenzung der Zertifikatemenge erfolgt nicht. Dies entspricht dem Vorgehen während der Phasen I und II des europäischen Emissionsrechtehandels. In der verschärften Form erfolgt eine vollständige Auktionierung der Emissionsrechte, und die Zertifikatemenge wird stärker begrenzt. In der im Jahr 2013 startenden Phase III des

EU-Emissionsrechtehandels soll die Quote auktionierter Zertifikate von Jahr zu Jahr steigen; eine jährliche Reduktion des Zertifikatevolumens um 1,74 % ist ebenfalls vorgesehen.

- Die jährliche Steigerung der Effizienz des nationalen Kraftwerkparks: Die Annahmen liegen zwischen niedrigen 1,7 % und hohen 3 % jährlicher Effizienzsteigerungen.

Abbildung 10 zeigt die prognostizierten Strompreissteigerungen der Jahre 2005 bis 2020, die sich aus den genannten Annahmen ergeben. Es handelt sich dabei um die realen Preisteigerungen ohne Einflüsse allgemeiner Preisteigerungen. Wo das Bezugsjahr der Studie ein anderes als das Jahr 2005 war, wurde der jeweilige Basisstrompreis auf Grundlage der aus (BDEW 2012) bekannten Preissteigerungen auf das Basisjahr 2005 umgerechnet.

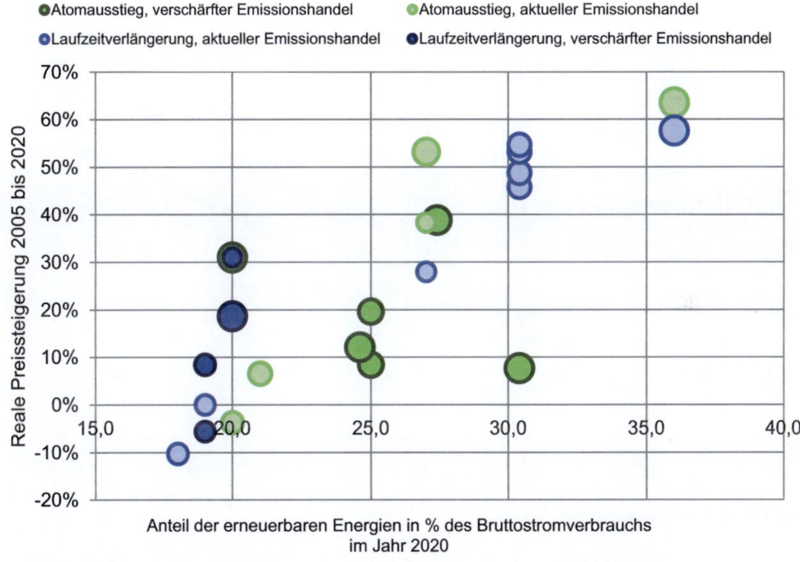

Abbildung 10: Prognostizierte Steigerungen des Industriestrompreises 2005 bis 2020

Auf der horizontalen Achse ist der in der jeweiligen Prognose unterstellte Anteil erneuerbarer Energien am Stromverbrauch abgetragen. Die Größe der einzelnen Datenpunkte repräsentiert die angenommenen jährlichen Effizienzsteigerungen in der Stromerzeugung.

Erkennbar ist, dass der Energiemix einen deutlichen Einfluss auf den prognostizierten Strompreis nimmt, wenngleich die Prognosen stark streuen.

Unter den im Kontext der seit Veröffentlichung der Studien ergangener energiepolitischer Weichenstellungen zum Atomausstieg und zur Verschärfung des Emissionshandels ist auf Grundlage der Auswertung im Zeitraum zwischen den Jahren 2005 und 2020 von realen Steigerungen des Industriestrompreises von 8 % bis 40 % auszugehen. Nicht nur angesichts der Tendenz, den Letztverbrauchern bestimmte Risiken der Energieversorgung zu übertragen (vgl. die Ausführungen zur Offshore-Haftungsumlage), ist der wahrscheinliche Preiskorridor für das Jahr 2020 eher im mittleren bis oberen Bereich der genannten Spanne zu vermuten.

Beispielsweise prognostizieren (EWI, EEFA 2008), ausgehend vom Niveau des Jahres 2005, langfristig einen nominalen Anstieg des Preises für Industriestrom um maximal 59 % bis zum Jahr 2020 und um maximal 90 % bis zum Jahr 2030.[24]

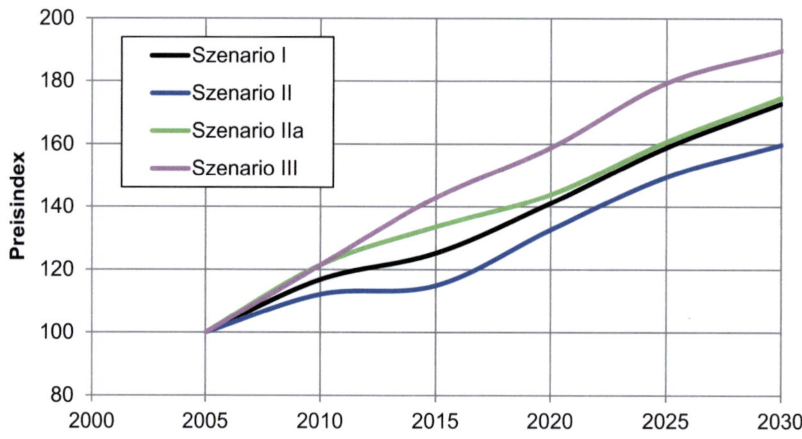

Abbildung 11: Strompreisprognose (nominal)[25]

Die Werte entsprechen aufgrund der angenommenen konstanten Inflationsrate von 1,9 % bis zu den Jahren 2020 und 2030 realen Preissteigerungen von jeweils 19 % gegenüber dem Jahr 2005. Diesen prognostischen Maximalwerten liegt ein Szenario zugrunde, in dem der Anteil erneuerbarer Energien an der Stromerzeugung bis zum

---

[24] Vgl. (EWI, EEFA 2008), S. 46

[25] Quelle: Eigene Berechnung auf Grundlage von (EWI, EEFA 2008), S. 46

Jahr 2020 auf 25 % und bis zum Jahr 2030 auf 30 % gesteigert und die nukleare Stromerzeugung aufgegeben wird. Vor dem Hintergrund der aktuellen energiepolitischen Entscheidungen zum Ausstieg aus der Kernenergie und der Tatsache, dass nach Auskunft des Bundesumweltministeriums bereits im Jahr 2011 die 20-%-Marke der erneuerbaren Energien im Strommix erreicht wurde[26], ist davon auszugehen, dass die Prämissen des genannten und das Extremum der Preisprognose darstellenden Szenarios im weiteren Verlauf des Prognosezeitraums noch übertroffen werden.

Einen deutlichen Hinweis auf die potentielle Unterschätzung der langfristigen Änderung des Energiemixes liefert auch der in Abbildung 12 dargestellte lineare Wachstumspfad des Anteils erneuerbarer Energien am Bruttostromverbrauch in Deutschland, der – grob überschlägig – für das Jahr 2030 auf einen Wert von über 40 % deutet.

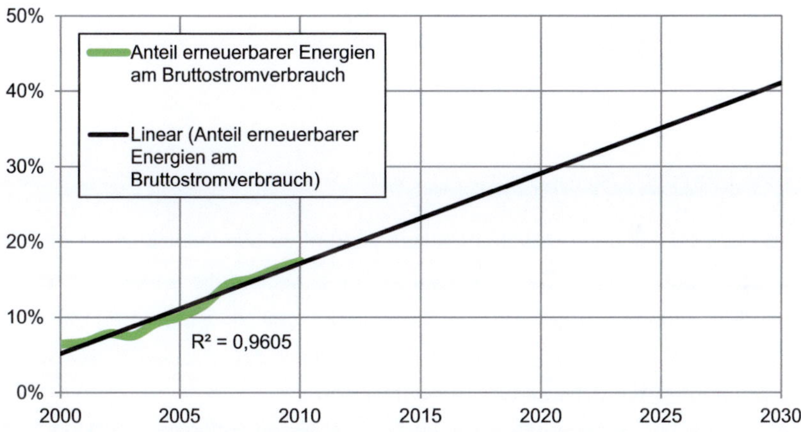

Abbildung 12: Anteil erneuerbarer Energien am Bruttostromverbrauch in Deutschland[27]

Gleichzeitig unterliegen alle in (EWI, EEFA 2008) untersuchten Szenarien den Annahmen tendenziell sinkender Steinkohlepreise und konstanter Kosten der Braunkohleförderung. Angesichts der historischen Entwicklung der Erzeugerpreisindizes für Stein- und Braunkohle ist diese Annahme kritisch zu hinterfragen.

---

[26] Vgl. (BMU Pressemitteilung 2011)

[27] Eigene Darstellung der Zahlen aus (BMU 2011), S.9

3.4 Dieselkraftstoffpreis

3.4.1 Zusammensetzung des Preises für Dieselkraftstoff

Nach den Statistiken des Mineralölwirtschaftsverbandes wird gut die Hälfte des Nettopreises für Dieselkraftstoff durch die Kosten der Erzeugung bestimmt, die sich im an der Börse in Rotterdam notierten Handelspreis niederschlagen.

Durchschnittlicher Dieselkraftstoffpreis im Jahr 2012
Preisbestandteile in %

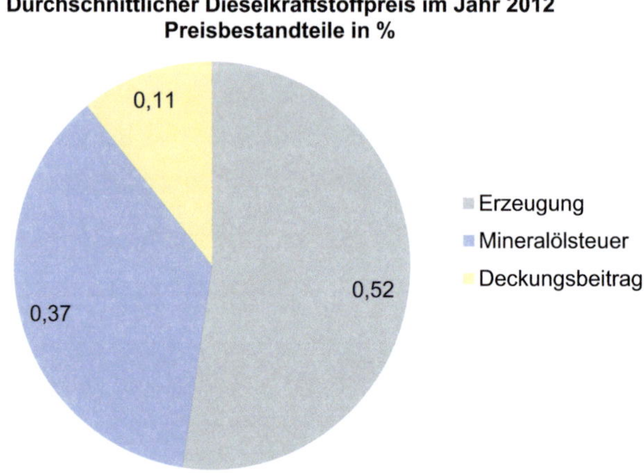

Abbildung 13: Bestandteile des Dieselkraftstoffpreises

37 % des vom Endkunden gezahlten Preises fließen als Mineralölsteuer in das allgemeine Steueraufkommen. Die verbleibenden 11 % decken die Kosten des Transports, der Lagerhaltung, der gesetzlichen Bevorratung, von Verwaltung und Vertrieb.

3.4.2 Entwicklung des Preises für Dieselkraftstoff

Im Jahresdurchschnitt des Jahres 2005 lag der Dieselkraftstoffpreis ohne Mehrwertsteuer inkl. Ökosteuer bei 0,92 Euro je Liter Diesel (Abbildung 14). In der im Folgejahr erfolgten Fortschreibung der Standardisierten Bewertung auf den Verfahrensstand 2006 wurde derselbe Wert erhoben und für das Regelverfahren festgeschrieben.

Seitdem sind die Kosten der Erzeugung bzw. der Handelspreis an der Börse in Rotterdam und weitere zu deckende Kosten kontinuierlich gestiegen, so dass der Vergleichswert des Jahres 2012 bereits 1,25 Euro je Liter beträgt.

Die Mineralölsteuer blieb im betrachteten Zeitraum konstant; je Liter Diesel werden 47 Cent erhoben.

Im Zeitraum 2005 bis 2012 ist der nominale Dieselpreis somit um 36 % gestiegen.

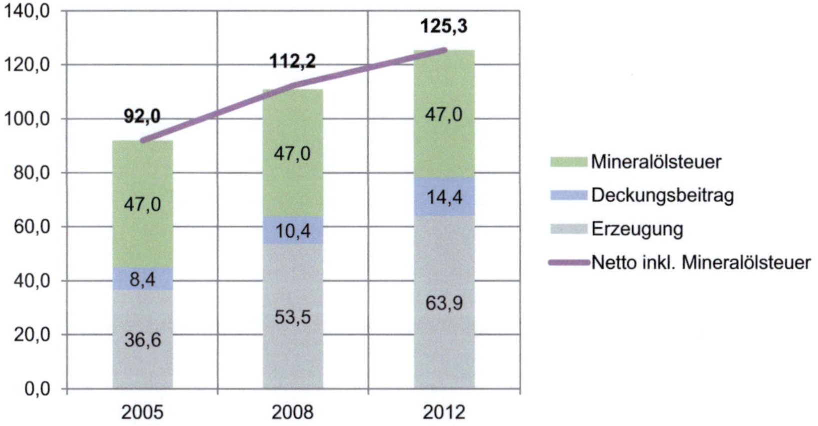

Abbildung 14: Dieselkraftstoffpreis in den Jahren 2005, 2008 und 2012

Die durchschnittliche Wachstumsrate des Dieselkraftstoffpreises über den gesamten Zeitraums 2005 bis 2012 beträgt 4,5 % pro Jahr.

3.4.3 Zukünftige Entwicklung des Preises für Dieselkraftstoff

Als Preistreiber des Dieselkraftstoffs wirken:

- Krisen und Kriege in erdölfördernden Ländern
- Naturkatastrophen
- Verknappung des Rohöls; sowohl aufgrund der Ausbeutung natürlicher Vorkommen als auch aufgrund von Verknappungsstrategien der Fördernationen
- Durch Spekulationen getriebene Rohölnachfrage
- Schnelles Wachstum der BRIC-Staaten (Brasilien, Russland, Indien, China)

Hingegen wirken preisdämpfend:

- Nachfragerückgang durch Energiewende und gesteigertes Umweltbewusstsein in Industrieländern

- Exploration weiterer Lagerstätten; sowohl neu entdeckter Vorkommen als auch zuvor unwirtschaftlicher, aber durch gestiegene Rohölpreise rentabler Vorkommen

Auch in der Zukunft wird der Preis für Dieselkraftstoff weiter steigen. Insbesondere die steigende Nachfrage aus den BRIC-Staaten nach fossilen Brennstoffen führen zu weltweiten Handelspreissteigerungen.

Drei Studien wurden in Bezug auf Preisprognosen für Dieselkraftstoff ausgewertet:

- (DIW Berlin 2008)
- (Prognos, EWI 2007)
- (IER, RWI, ZEW 2010)

Die Erwartungen hinsichtlich der nominalen Steigerungen des Dieselpreises bewegen sich für den Zeitraum 2005 bis 2020 zwischen 34 % und 61 %. Dies entspricht nach den jeweiligen Annahmen zu jährlichen allgemeinen Preissteigerungen realen Steigerungen von 7 % bis 13 %. Die erwarteten realen Preise für das Jahr 2020 liegen in der Spanne von 1,15 bis 1,21 Euro je Liter; die nominale Preisspanne reicht von 1,43 bis 1,72 Euro je Liter Dieselkraftstoff.

Die höchste durchschnittliche Wachstumsrate des nominalen Dieselpreises beträgt zwischen 2012 und 2020 4,0 % p. a. Vor dem Hintergrund der genannten Treiber des Kraftstoffpreises und im Vergleich mit der Entwicklung zwischen den Jahren 2005 und 2012 erscheint es möglich, dass diese Wachstumsrate künftig auch durchaus übertroffen werden kann.

3.5 Preisprognose in Abhängigkeit vom Energiemix

3.5.1 Energieträgeranteile an der Stromerzeugung

Dass sich die Beiträge der unterschiedlichen Energieträger zur Stromerzeugung in Deutschland mittel- bis langfristig drastisch verschieben werden, ist nicht zuletzt aufgrund der Beschlüsse zum Atomausstieg offenkundig. Weitere Treiber liegen in der Preisentwicklung fossiler Brennstoffe in den letzten Jahren und entsprechender Preisprognosen sowie in den einhergehenden Bemühungen zum Ausbau der erneuerbaren Energien.

Als Eingangsgröße des Bewertungsmodells sind die Anteile der Energieträger an der Stromerzeugung von Bedeutung. Weil sich jedes Verfahren der Stromerzeugung von den anderen hinsichtlich des Ressourceneinsatzes, des Wirkungsgrads und des Verfahrensaufwands unterscheidet, übt die Zusammensetzung der Stromerzeugung letztendlich einen wesentlichen Einfluss auf die Kosten elektrischer Energie aus. Auch die Freisetzung von Luftschadstoffen und klimarelevanten Emissionen differiert je nach Verfahren, wodurch der Energiemix ebensolche Bedeutung für die durch Nutzung elektrischer Energie freigesetzten Emissionen erlangt.

Mittel- bis langfristig ist mit bedeutenden Änderungen im Energiemix zu rechnen, wobei eine Tendenz zur Verschiebung der Hauptanteile von den fossilen Energieträgern hin zu regenerativen Energieträgern zu erwarten ist. Bedeutung erlangt hierbei auch das politische Ziel des Ausstiegs aus der Stromerzeugung aus Kernenergie.

Um die Effekte dieses Wandels sichtbar zu machen, bauen die nachfolgenden Prognosen der Energiekosten und der Emissionen der Stromerzeugung auf fünf verschiedenen Szenarien der Stromerzeugungsanteile auf. Dies sind:

- Referenzszenario: „Standardisierte Bewertung 2006"
- Szenario 2005: „Mix 2005"
- Szenario 2010: „Mix 2010"
- Szenario 2020: „Mix 2020"
- Szenario 2020 ohne Kernenergie: „Mix 2020*"
- Szenario 2030: „Mix 2030"

Tabelle 3 listet die Anteile der Energieträger an der Stromerzeugung in allen Szenarien auf.

Energieträger	SB 2006 & Mix 2005	Mix 2010	Mix 2020	Mix 2020*	Mix 2030
Braunkohle	24,8	23,2	22,8	24,4	14,9
Kernenergie	26,3	22,4	5,4	0	0
Steinkohle	21,6	18,6	19,9	21,1	14,1
Erdgas	11,4	13,8	19,2	20,3	21,2
Mineralöl	1,9	1,3	1,6	1,7	1
Wasserkraft	3,2	3,3	4,3	4,5	4,5
Windkraft	4,4	6	14,2	15	24,2
Biomasse	1,9	4,4	5,8	6,1	7,4
Photovoltaik	0,2	1,9	1,6	1,7	2,5
Hausmüll	0,5	0,8	2	2,1	2
Übrige	3,8	4,3	3,1	3,3	8,3

Tabelle 3: Anteile der Energieträger an der Stromerzeugung

Das Szenario „Standardisierte Bewertung 2006" reflektiert als Ausgangspunkt des Untersuchungsansatzes den Energiemix des Jahres 2005, der Grundlage der energiebezogenen Mengen- und Kostensätze des Regelverfahrens der Standardisierten Bewertung ist.

Das Szenario „Mix 2005" nimmt ebenfalls den Energiemix des Jahres 2005 zur Grundlage, beinhaltet jedoch ebenso wie alle weiteren Szenarien eine Anpassung der Wertansätze für Emissionen (vgl. Abschnitt 4.3.3).

Im Szenario „Mix 2010" sind die Energieträgeranteile der Gegenwart bzw. der jüngsten Vergangenheit abgebildet.

Bis zum Zeithorizont des Jahres 2030 liegen Annahmen des Umweltbundesamtes über die wahrscheinliche Zusammensetzung der Stromerzeugung vor, die zwecks Definition der Mittel- und Langfristszenarien „Mix 2020" und „Mix 2030" übernommen werden.[28]

---

[28] (Nitsch 2007)

Mit dem Szenario „Mix 2020*" wird darüber hinaus untersucht, welche Auswirkungen ein schnellerer Ausstieg aus der Kernenergie zeigen könnte. Hierzu wird die Annahme getroffen, dass zur Kompensation die übrigen Energieträger proportional zu ihren Stromerzeugungsanteilen herangezogen werden.

3.5.2 Prognosemodell für den Erzeugerpreisindex von Strom bei Abgabe an gewerbliche Anlagen

Weil energiepolitische Entscheidungen die mittel- bis langfristige Entwicklung des Energiemix stark beeinflussen, ist eine nach Energieträgern differenzierte Betrachtung der Entwicklung des Strompreises geboten, um diese mit der Prognose des Dieselpreises vergleichen zu können. Aus diesem Vergleich können Rückschlüsse über das Entstehen bzw. die Veränderung etwaiger Betriebskostenvorteile der elektrischen Traktion gegenüber der Dieseltraktion gezogen werden.

Ein erster Prognoseansatz baute auf einem linearen Regressionsmodell auf, in dem der Strompreisindex als Summe der Produkte von Stromerzeugungsanteilen der Energieträger und ihren Regressionskoeffizienten berechnet wurde. Allerdings können in diesem Ansatz negative Regressionskoeffizienten auftreten, die dem Modell enge Grenzen setzen und zu Fehlinterpretationen verleiten können. Daher wurde dieser Ansatz aufgegeben und nicht weiter verfolgt.

Stattdessen wurde ein – stark vereinfachendes – Modell zur Prognose des Strompreises entwickelt, das ebenso für alle Jahre zwischen 2000 und 2030 den Erzeugerpreisindex für Strom bei Abgabe an gewerbliche Angaben liefert:

$$P_{jahr} = \sum_{i=1}^{n} P_{i,jahr} \cdot s_{i,jahr}$$

Die weitgehende Liberalisierung des Strommarktes markiert den Beginn des Modellzeitraums im Jahr 2000. Erst durch die Marktfreigabe konnte sich eine durch den Markt selbst geprägte Entwicklung der Strompreise einstellen. Durch staatliche Markteingriffe war zuvor das Strompreisniveau seit Mitte der neunziger Jahre stufenweise nach unten angepasst worden.

Das Ende des Modellzeitraums wird zum einen durch die Verfügbarkeit von Energiemixszenarien begrenzt. Zum zweiten nimmt der potentielle Prognosefehler mit dem Umfang des Prognosezeitraums tendenziell zu. Und zum dritten wird im Rahmen der Untersuchung ein bewertungsgerechter Strompreis gesucht, der die Verhältnisse zum Zeitpunkt des stabilen Betriebs einer Elektrifizierungsmaßnahme zutreffend wiedergibt.

Als Eingangsgrößen des Preisindexmodells dienen einerseits die Anteile der zur Stromgewinnung eingesetzten Energieträger gemessen an der Gesamtstromerzeugung ($s_{i,jahr}$) und andererseits die Größe $P_{i,Jahr}$, die den Preisindex des jeweiligen Energieträgers i repräsentiert. Die Produkte aus Energieträgeranteilen und Einzelpreisindizes werden zum Gesamtpreisindex P_{jahr} aufsummiert.

3.5.3 Einzelpreisprognosen der Energieträger

Die Prognosen der Einzelpreisindizes der Energieträger stützen sich auf eine Fortschreibung verfügbarer historischer Daten mit Methoden der Trendprognose. Soweit vorhanden und verfügbar wurden die vom Statistischen Bundesamt erhobenen Zeitreihen der Erzeugerpreisindizes herangezogen.

Für einige Energieträger kann der allgemeine Verbraucherpreisindex als maßgebend für die Kostenentwicklung der Stromerzeugung angesehen werden, durch den die Entwicklung der Personalkosten gut angenähert werden kann.

Zeitreihen der Erzeugerpreisindizes für die Stromerzeugung mittels Photovoltaik und mittels Windkraft sind nicht verfügbar; insgesamt ist in Bezug auf die historische Entwicklung der Stromerzeugungskosten die Datenlage dünn. Einzelne Statistiken deuten jedoch darauf hin, dass die Preisniveaus der Stromerzeugung aus Sonnen- und Windenergie in der Vergangenheit gesunken sind und gegenwärtig weiter sinken. Dies ist ein deutlicher Hinweis darauf, dass einerseits ein anhaltender Lernkurveneffekt bei der Verbreitung dieser Technologien zu beobachten ist, und dass andererseits Energieausbeute, also die mit jedem investierten Euro gewonnene elektrische Energie, weiterhin steigt. In der Modellierung der Preisindizes für Sonnen- und Windenergie wurden diese Effekte berücksichtigt, so dass sich durch den Ausbau der regenerativen Energien ein gegenläufiger Effekt zu Preisanstiegen fossiler Energieträger bemerkbar macht.

Energieträger	Prognosebasis
Steinkohle	Erzeugerpeisindex von Steinkohle
Braunkohle	Erzeugerpeisindex von Braunkohle
Erdgas	Erzeugerpeisindex von Erdgas
Mineralölprodukte	Erzeugerpeisindex von Erdöl
Kernenergie	Verbraucherpreisindex
Wasserkraft	Verbraucherpreisindex
Windkraft	Erzeugungskosten der Windenergie, Berücksichtigung des Lernkurveneffekts
Photovoltaik	Erzeugungskosten der Photovoltaik (Enquete-Kommission), Berücksichtigung des Lernkurveneffekts
Biomasse	Erzeugerpreisindex von Holzprodukten zur Energieerzeugung (zu 50 %), Verbraucherpreisindex (zu 50 %)
Hausmüll	Verbraucherpreisindex
Übrige Energieträger	Verbraucherpreisindex

Tabelle 4: Grundlagen der Einzelpreisprognosen der Energieträger

3.5.4 Prognose des Erzeugerpreisindex für Dieselkraftstoff für Straßen- und Schienenfahrzeuge

Die zukünftige Entwicklung der Energiepreise trifft nicht allein den Bezug elektrischer Energie. Auch für Dieselkraftstoff ist eine solche Prognose erforderlich.

Die Preistreiber für Dieselkraftstoff als Mineralölerzeugnis sind vielfältig und entfalten an allen Stationen der Produktions- und Lieferkette Wirkung. Zudem beeinflusst die globale Nachfrage nach Mineralöl und seinen Derivaten auch in Deutschland das Preisniveau von Mineralölerzeugnissen erheblich. Es ist daher davon auszugehen, dass zukünftig der Preis für Dieselkraftstoffe in Deutschland auch aufgrund stark und anhaltend wachsender Volkswirtschaften, vornehmlich sei China genannt, weiter ansteigen wird.

Abbildung 15 zeigt, dass der deutsche Erzeugerpreisindex für Dieselkraftstoff seit 1990 mit Ausnahme kurzfristiger, konjunkturell bedingter Schwankungen annähernd einem exponentiellen Trend folgt. Auf eine im Detail der Strompreisprognose gleichwertige Modellprognose des Dieselpreises wird daher verzichtet. Stattdessen wird die gezeigte exponentielle Entwicklung des Dieselpreises zur Grundlage genommen.

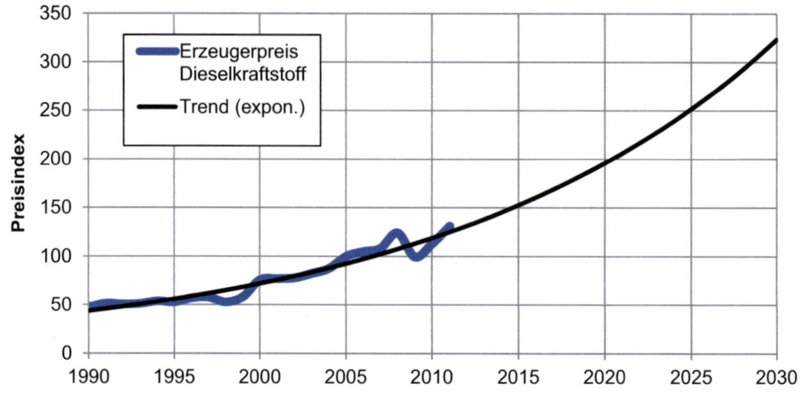

Abbildung 15: Erzeugerpreisindex für Dieselkraftstoff

3.5.5 Prognose des Erzeugerpreisindex für Elektrizität bei Abgabe an gewerbliche Anlagen

Die mittels des Preisindexmodells erstellte Strompreisprognose bis zum Jahr 2030 zeigt Abbildung 16.

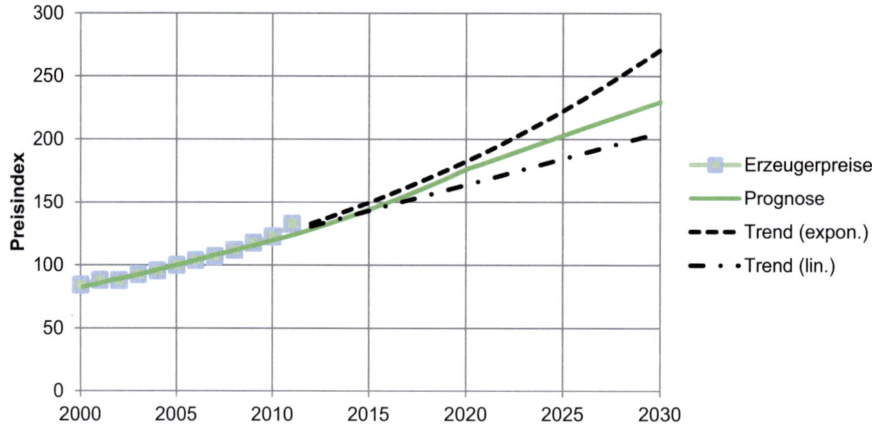

Abbildung 16: Strompreisprognose

Das Modell wurde an der vom Statistischen Bundesamt herausgegebenen Zeitreihe der Erzeugerpreisindizes in den Jahren 2000 bis 2011 geeicht. Das Bestimmtheitsmaß des Preismodells für diesen Zeitraum ist $R^2 = 0,947$. Es liegt damit zwischen den Werten für die lineare und die exponentielle Fortschreibung der Zeitreihe.

	Prognosemodell	**Exponentieller Trend**	**Linearer Trend**
Bestimmtheitsmaß R^2	0,974	0,983	0,967

Tabelle 5: Bestimmtheitsmaße der Modell- und Trendprognosen des Erzeugerpreisindex von Strom bei Abgabe an gewerbliche Anlagen

3.6 Sonstige Wirkungen

3.6.1 Potentiale zur Reduzierung technischer Fahrzeiten

Auswirkungen auf den Fahrplan können dann auftreten, wenn eine Elektrifizierungsmaßnahme zu einer Änderung der technischen Fahrzeiten führt. Fahrzeitverlängerungen werden dabei in der Regel planerisch vermieden, so dass das Hauptaugenmerk auf Fahrzeitverkürzungen zu legen ist. Die Möglichkeiten zur fahrplanerischen Umsetzung und Nutzung von Fahrzeitenvorteilen werden in Abschnitt 4.6.1 beschrieben.

Folgende Einzelmaßnahmen können Ursache von Auswirkungen auf die technisch möglichen minimalen Fahrzeiten sein:

- das Anheben der Streckenhöchstgeschwindigkeit durch bauliche Eingriffe,
- der Einsatz von Fahrzeugen mit höherer Höchstgeschwindigkeit
- oder der Einsatz von Fahrzeugen mit besserem Beschleunigungsvermögen.

Im Zuge einer Streckenelektrifizierung sind bauliche Maßnahmen zur Streckenbeschleunigung nicht zwangsläufig gegeben. Insbesondere auf Nebenstrecken kann die infrastrukturseitig vorgegebene Streckenhöchstgeschwindigkeit – entsprechende Beschleunigung bzw. ausreichende Länge des Streckenabschnitts vorausgesetzt – sowohl von Diesel- als auch von elektrischen Fahrzeugen erreicht werden, so dass die Fahrzeughöchstgeschwindigkeit dort im Gegensatz beispielsweise zu Fahrten auf Personenfernverkehrsstrecken kaum Einfluss auf die erzielten Fahrzeiten nimmt. Demnach ist der stärkste Einfluss dem Beschleunigungsvermögen der eingesetzten bzw. der einzusetzenden Fahrzeuge zuzuschreiben.

Für Beschleunigung und Verzögerung sind meist unabhängig von der Fahrzeugtechnik Maximalwerte vorgegeben, die mit Blick auf die Sicherheit und den Komfort der Fahrgäste einzuhalten sind. Innerhalb dieser Grenzen hängt die Beschleunigung, die ein Fahrzeug erreichen kann, unmittelbar vom Überschuss verfügbarer Zugkraft über die gleichzeitig auf das Fahrzeug wirkenden Lauf- und Streckenwiderstände ab. Im unteren Geschwindigkeitsbereich werden die über den Rad-Schiene-Kontakt übertragbaren Kräfte vor allem bei leistungsstarken Antrieben durch die Reibungsverhältnisse limitiert. Die verfügbare Zugkraft ist umso höher, je mehr Masse auf allen Antriebsachsen lastet. Bei begrenzten Achslasten können aus Triebwagen gebildete Züge mit verteiltem Antrieb deshalb deutlich höhere Beschleunigungen erreichen als lokbespannte Züge. Ein mit entsprechend leistungsstarkem diesel-elektrischem Antrieb ausgerüsteter Triebwagen kann in der Lage sein, ähnliche Beschleunigungswerte zu erreichen wie ein ausschließlich elektrisch angetriebener. Besonders auf kurzen Strecken mit nur wenigen Halten oder auf Strecken mit großen Haltestellenabständen kann der durch einen Traktionswechsel erzielbare Fahrzeitgewinn daher gering ausfallen.

Am Beispiel der Brenzbahn, für die für fahrdynamische Fahrzeitenrechnungen hinreichend detaillierte Infrastrukturdaten vorliegen, sind nachfolgend durch Traktionswechsel erzielbare Fahrzeitverkürzungen dargestellt.

Als Vergleichsfahrzeuge dienen ein Elektrotriebwagen mit den Eigenschaften der Baureihe 425 sowie ein Dieseltriebwagen vom Typ Regio-Shuttle RS1. Für den dieselbetriebenen Zug wird Dreifach-Traktion unterstellt, um die Gefäßgrößen anzugleichen.

Merkmal	Ausprägung
Infrastrukturmodell	Brenzbahn zwischen Aalen und Ulm (Elektrifizierungsfiktion)
Umlauflänge	145 km
Variation der Zwischenhalte	- RB-Halte (42) - RE-Halte (30) - IRE-Halte (12)

Vergleichsfahrzeuge
  - Mit Dieselantrieb
  - Mit elektrischem Antrieb
	- Regio-Shuttle RS1 (in Dreifach-Traktion)
	- ET 425

Tabelle 6: Eingangsdaten der Fahrzeitenberechnung

Sinnvoll ist, sowohl die Hin- als auch die Rückfahrt anzusetzen, wodurch die Berechnung einen vollständigen Fahrzeugumlauf abbildet. Gleichzeitig werden dadurch aus Höhenunterschieden resultierende etwaige Verzerrungen kompensiert.

Um die Unterschiede im Beschleunigungsverhalten herauszustellen, erfolgen die Berechnungen bei konstanter Umlauflänge unter Variation der Zwischenhaltabstände.

Fahrzeitzuschläge und Pufferzeiten sind in den berechneten Fahrzeiten nicht enthalten. Werden die Haltezeiten hinzugerechnet erhält man die Beförderungszeiten. Haltezeiten sind jedoch in allen Fällen in gleicher Höhe anzusetzen und daher für den Vergleich unerheblich.

	Fahrzeit [h:min]		
Fahrzeug	RB-Halte (42)	RE-Halte (30)	IRE-Halte (12)
ET 425	1:44	1:35	1:23
RS1, Dreifachtraktion	1:57	1:45	1:29
Fahrzeitgewinn des Elektrotriebwagens	0:13	0:10	0:06

Tabelle 7: Vergleichsrechnung der Fahrzeiten mit RB-Halten

Aus den in Tabelle 7 wiedergegebenen Ergebnissen ist ersichtlich, dass unter den gegebenen Voraussetzungen der Fahrzeitgewinn des elektrischen Fahrzeugs gegenüber dem dieselbetriebenen umso größer wird, je mehr Zwischenhalte eingelegt werden bzw. je öfter das Fahrzeug zu beschleunigen und zu verzögern ist.

3.6.2 Ermittlung des Energiebedarfs

Für die Standardisierte Bewertung wurde ein einfaches Rechenverfahren entwickelt, das mit wenigen Eingangsgrößen auskommt. Dieses wurde anhand fahrdynamischer Berechnungen kalibriert.

Die Vorgehensweise zur Ermittlung des Energiebedarfs nach dem Verfahren der Standardisierten Bewertung gründet auf der Verrechnung von Energiebedarfsfaktoren mit bestimmten Eigenschaften des Zuges und des Betriebs. Gesonderte Rechenvorschriften bestehen für lokbespannte Züge und für Triebwagen. Wird bei lokbespannten Zügen auf die Art der Traktion und die Bauart und Anzahl der angehängten Wagen abgestellt, so berechnet sich der Energiebedarf von Triebwagen nach der

Leermasse des Zuges; die Nutzlasten sind im Energiebedarfsfaktor bereits berücksichtigt. Die Anzahl der Stationshalte tritt in beiden Fällen als weiterer Parameter hinzu.

Eine fahrdynamische Berechnung des Energiebedarfs baut hingegen auf möglichst exakten Modellbeschreibungen des Fahrzeugs, der Infrastruktur und des Betriebs auf. Der Energiebedarf ergibt sich aus der Aufsummierung der zu jedem Zeitpunkt unter den betrieblichen Rahmenbedingungen, im Zusammenspiel von Fahrzeug und Infrastruktur abgegebenen Motorleistung. Ausgehend von der fahrdynamischen Grundgleichung wird so zunächst der mechanische Energiebedarf elektrischer Zugfahrten ermittelt. Unter Ansatz eines antriebsspezifischen Wirkungsgrads kann daraus die aus dem Fahrdraht entnommene Energie berechnet werden, während zugleich die Rückspeisung generatorisch rekuperierter Bremsenergie in das Leitungsnetz Berücksichtigung findet.

Wird nun der Energiebedarf von Zugfahrten differenzierter betrachtet als durch das Rechenverfahren der Standardisierten Bewertung vorgegeben, so könnten daraus zusätzliche Nutzenbeiträge resultieren, die in der Bewertung nach dem Regelverfahren aufgrund von Ungenauigkeiten der verwendeten Rechenvorschrift bislang nicht erfasst werden

Um diese Frage zu erörtern, wird der Energiebedarf für Fahrten unterschiedlich traktionierter Fahrzeuge auf derselben Infrastruktur verglichen. Als Rechenbeispiel dient erneut die Brenzbahn. Es gelten dieselben Vorgaben und Annahmen wie im vorangehenden Abschnitt.

Merkmal	Ausprägung
Infrastrukturmodell	Brenzbahn zwischen Aalen und Ulm (Elektrifizierungsfiktion)
Umlauflänge	145 km
Variation der Zwischenhalte	- RB-Halte (42) - RE-Halte (30) - IRE-Halte (12)
Vergleichsfahrzeuge - Mit Dieselantrieb - Mit elektrischem Antrieb	- Regio-Shuttle RS1 in Dreifach-Traktion - ET 425
Wirkungsgrad des elektrischen Antriebs	85 %

Tabelle 8: Eingangsdaten der Vergleichsrechnung zum Energiebedarf

Der Energie- bzw. Kraftstoffbedarf des dieselbetriebenen Referenzfahrzeuges Regio-Shuttle RS 1 wird anhand der Rechenvorschrift der Standardisierten Bewertung für Dieseltriebwagen errechnet.

Der Elektrotriebwagen der Baureihe 425 verfügt über eine wesentlich höhere Sitzplatzkapazität als das Dieselfahrzeug. Um dennoch Vergleichbarkeit herzustellen, wird für den Referenzfall ein Betrieb in Dreifach-Traktion unterstellt.

Die Ergebnisse der Vergleichsrechnungen sind in Tabelle 9 wiedergegeben. In der ersten Ergebniszeile steht der nach dem Rechenverfahren der Standardisierten Bewertung ermittelte Energiebedarf des Elektrotriebwagens. Die nachfolgende Zeilen zeigt das Ergebnis der fahrdynamischen Berechnung des Energiebedarfs.

Fahrzeug	El. Energie [kWh]		
	RB-Halte (42)	RE-Halte (30)	IRE-Halte (12)
ET 425, nach Standardisierte Bew. 2006	1.195	1.038	802
ET 425, fahrdynamisch berechnet, 100 % Rekuperation	1.104	1.004	854
Abweichung	-91	-34	52

Tabelle 9: Vergleichsrechnungen zum Energiebedarf

Die Ergebnisse zeigen, dass eine differenziertere, genauere Betrachtung des Energiebedarfs mittels fahrdynamischer Rechnungen nicht erforderlich ist. Gegenüber dem pauschalisierenden Verfahren der Standardisierten Bewertung zeigen sich keine nennenswerten Unterschiede. Die Rekuperation eingesetzter Bremsenergie ist im Regelverfahren bereits umfassend berücksichtigt.

3.6.3 Schienenhybridfahrzeuge

Ist ein Fahrzeug mit mehr als einer Antriebsart bzw. neben der primären auch mit mindestens einer sekundären Energiequelle ausgestattet, steigt die Zahl möglicher Einsatzgebiete für das Fahrzeug. Beispielsweise können nicht-elektrifizierte Abschnitte im Fahrtverlauf überwunden werden, und bei lokbespannten Zügen kann das erforderliche Umspannen entfallen. Hybride Antriebe können darüber hinaus aber auch als Baustein zur Steigerung der Energieeffizienz von Schienenfahrzeugen dienen.[29]

Hybridfahrzeuge im engeren Sinn sind Fahrzeuge, die ihre Antriebsenergie aus mehreren, meist zwei parallelen und damit alternativ einsetzbaren Energiespeichern beziehen. Rein elektrische Mehrsystemfahrzeuge werden allgemein nicht zu den Hybridfahrzeugen gezählt, weil die elektrische Energie aus der Fahrleitung bezogen und nicht mitgeführt wird. Die gängigen dieselelektrischen Antriebe, bei denen ein Dieselmotor einen Generator und darüber elektrische Fahrmotoren an den Achsen antreibt, sind als serielle Hybride zu verstehen; werden jedoch im üblichen Verständnis nicht den Hybridantrieben zugeordnet.

Der Markt für Schienenhybridfahrzeuge befindet sich noch in einem frühen Stadium seiner Entwicklung. Der größte Anteil an kommenden Hybridfahrzeugen befindet sich gegenwärtig noch in der Testphase. Serienreife Nahverkehrs-Hybridtriebwagen für EBO-Strecken sind nach gegenwärtigem Stand noch nicht abzusehen. Die Sammlung von Fahrzeugdaten ist aus diesem Grund erschwert, ein qualifizierter Vergleich der Fahrzeuge untereinander und zu Fahrzeugen mit konventionellen Antrieben kaum möglich.

Generell sehen hybride Diesel-Elektro-Antriebskonzepte einen Dieselmotor zur primären Energiebereitstellung vor. Bremsenergie wird über Generatoren in elektrische Energie umgewandelt und gespeichert. Ist genügend Energie im Speicher vorhanden, kann diese wieder in mechanische Arbeit zum Antrieb des Zuges umgesetzt

---

[29] (Kettner, 2011)

werden. Hieraus ergibt sich im Vergleich zum konventionellen Dieselantrieb eine Reduktion des Kraftstoffbedarfs. Folglich können bei gleicher Betriebsleistung die Kraftstoffkosten und die verbrennungsbedingten Emissionen gesenkt werden.

Ein Hybridfahrzeug weist deshalb bezogen auf den Kraftstoffeinsatz im Betrieb auf jeden Fall eine höhere Energieeffizienz auf als ein konventionell angetriebenes Dieselfahrzeug. Dieser Vorteil bedingt jedoch zusätzliche Fahrzeugtechnik, höhere Anschaffungskosten für das entsprechend ausgerüstete Fahrzeug und damit höhere jährliche Kapitalkosten sowie einen gesteigerten Wartungsaufwand.

Gegenüber einem ausschließlich elektrisch angetriebenen, aus einer zentralen Energieerzeugung gespeisten Fahrzeug ist hingegen eine geringere Energieeffizienz eines vergleichbaren Hybridfahrzeugs zu erkennen. Die Kosten des Energieeinsatzes sind höher, und auch die antriebsbedingten Emissionen liegen sowohl mengenmäßig als auch gesamtwirtschaftlich monetarisiert auf einem höheren Niveau. Dagegen entfällt die Notwendigkeit zur Errichtung einer Infrastruktur zur Versorgung mit elektrischer Energie.

Im Kontext von Bewertungsrechnungen ist fraglich, inwieweit ein etwaiger Nutzenvorteil einer Elektrifizierungsmaßnahme gegenüber dem Dieselbetrieb auch durch den Einsatz von Hybridfahrzeugen erreicht werden kann. Trifft dies zu, so ist der Einsatz von Hybridfahrzeugen einer Streckenelektrifizierung vorzuziehen. Ist dabei abzusehen, dass die Kostenvorteile des elektrischen Betriebs künftig dennoch wachsen, erweisen sich Hybridantriebe als adäquate Brückentechnologie. Aussagen über die Kostenstrukturen des Einsatzes von Hybridfahrzeugen und die daraus zu ziehenden Schlussfolgerungen im Vergleich zu konventionellen Antrieben sind bislang mangels Markt- und Datenverfügbarkeit nicht möglich.

3.6.4 Elektromagnetische Felder

Umfangreiche Erläuterungen zur Entstehung elektromagnetischer Felder im Alltag und ihrer Wirkung auf den Menschen haben die Landesanstalt für Umweltschutz Baden-Württemberg und das Bayerische Landesamt für Umwelt zusammengetragen und in einer gemeinsamen Broschüre veröffentlicht.[30] Die in Bezug auf die

---

[30] (LUBW, LfU 2010)

Bahnstromversorgung wesentlichen Aussagen und Zusammenhänge sind nachfolgend wiedergegeben.

Durch die Versorgung elektrisch angetriebener Schienenfahrzeugs mit Energie werden niederfrequente elektromagnetische Felder um das Fahrzeug und die Fahrleitung herum erzeugt. Unter diesem Begriff werden *elektrische* und *magnetische* Felder zusammengefasst.

Direkt über dem Fahrweg ist das durch die 15-kV-Fahrleitung erzeugte *elektrische* Feld am stärksten. Auf eine Person am Bahnsteig wirkt das elektrische Feld mit einer Stärke von ca. 600 V/m. Unmittelbar unter der Oberleitung werden in 1 m Höhe ca. 1.400 V/m gemessen. Auf die Fahrgäste im Zug wirkt das elektrische Feld hingegen kaum; sie sind durch die Außenhülle des Fahrzeugs nahezu vollständig abgeschirmt.

Die Fahrleitung ist in Versorgungsabschnitte unterteilt. Ein *magnetisches* Feld entsteht erst bei Stromfluss mit Einfahrt eines Zuges in einen Versorgungsabschnitt. Das magnetische Feld wirkt in Abhängigkeit der gemessenen Stromstärke. Die maximale Leistung eines elektrischen Antriebs kann erst bei Überschreiten der Kraftschlussgrenze erreicht werden. Unterhalb der zur Kraftschlussgrenze gehörenden kritischen Geschwindigkeit wird die Kraftübertragung durch die Eigenschaften des Rad-Schiene-Kontakts begrenzt. Maximale Stromstärken und folglich auch maximale elektrische Feldstärken treten demnach bei der Vorbeifahrt beschleunigender Züge auf, nicht schon beim Anfahren eines zuvor stehenden Zuges.

Im Gegensatz zum elektrischen Feld der Fahrleitung sind die magnetischen Felder also zeitlich und örtlich variabel. Die höchsten Werte magnetischer Flussdichten sind in unmittelbarer Nähe der Trasse bei durchfahrenden Zügen festzustellen. Die Flussdichten nehmen mit zunehmender Entfernung zunächst stark, bei größerer Entfernung schwächer ab. Schon in einer Distanz von fünf Meter zur Gleisachse sinkt der Maximalwert unter das Niveau des natürlichen Erdmagnetfeldes.

Die mittlere Flussdichte schwankt über den Tagesverlauf in Abhängigkeit der Verkehrsstärke. Entlang der besonders stark frequentierten Bahnstrecke im Oberrheintal wurden von der Landesanstalt für Umweltschutz Baden-Württemberg im Abstand von 30 Metern zum Gleis über den Tagesverlauf mittlere magnetische Flussdichten mit Minutenmittelwerten zwischen 0,1 µT und 0,25 µT gemessen. Dabei wurden kurzzeitige Spitzenwerte beobachtet, die ungefähr das Zehnfache der Minutenmittelwerte betrugen.

Zum Vergleich: Die Feldstärke des natürlichen elektrischen Feldes in der Atmosphäre beträgt zwischen 130 V/m im Sommer und 270 V/m im Winter. Die Flussdichte des natürlichen Erdmagnetfeldes erreicht in Baden-Württemberg durchschnittlich 47 µT.

Die biologischen Wirkungen elektromagnetischer Felder hängen vor allem von den auftretenden Frequenzen ab. Niederfrequente elektrische Felder durchdringen menschliches Gewebe äußerst schlecht: „Die Feldstärke im Körper beträgt nur ein Millionstel der Stärke des äußeren Feldes."[31] Äußere magnetische Felder induzieren hingegen im Körpergewebe elektrische Felder und damit Stromflüsse. Im Fall der niederfrequenten Felder schlagen sich diese überwiegend in unmittelbaren Reizwirkungen nieder. Thermische Effekte, wie sie im Fall der hochfrequenten Felder z. B. bei der Nutzung eines Mobiltelefons auftreten, sind hingegen zu vernachlässigen.

Ein kausaler Zusammenhang zwischen dem Auftreten elektromagnetischer Felder und Krebserkrankungen ist nicht nachweisbar. Die Internationale Agentur für Krebsforschung führt niederfrequente elektromagnetische Felder mit einer Frequenz von 50 Hz als „möglicherweise krebserregend", die WHO als „möglicherweise kanzerogen". Die WHO empfiehlt die Einführung und Einhaltung international erarbeiteter Grenzwerten.

In Deutschland wurden die Empfehlung der WHO im Jahr 1996 mit Einführung der 26. BImSchV umgesetzt, um die Allgemeinheit und die Nachbarschaft elektrischer Anlagen vor unerwünschten Wirkungen zu schützen. Für die Feldstärke elektrischer Felder von Bahnstromanlagen gilt eine Obergrenze von 10.000 V/m. Die Flussdichte magnetischer Felder darf 300 µT nicht übersteigen. Bei Einhalten der Grenzwerte liegt die durch Induktion im Körper hervorgerufene Stromdichte unterhalb des Basisgrenzwerts von 2 mA/m². Hierdurch werden akute Wirkungen auf den Körper ausgeschlossen.

Der Vergleich der Ergebnisse der von der Landesanstalt für Umweltschutz Baden-Württemberg angeführten Messungen mit den Grenzwerten der 26. BImSchV zeigt,

---

[31] (LUBW, LfU 2010, 34)

dass auch in unmittelbarer Nähe von Gleisanlagen die gesetzlichen Grenzen weder der elektrischen Feldstärke noch der magnetischen Flussdichte auch nur annähernd erreicht werden.

Im Zuge einer Streckenelektrifizierung und der Aufnahme des elektrischen Betriebs sind demnach für die Allgemeinheit keine relevanten zusätzlichen Beeinträchtigungen durch elektromagnetische Felder zu erwarten. Die gesamtwirtschaftliche Betrachtung einer Elektrifizierungsmaßnahme erfordert keine Bewertung elektromagnetischer Immissionen.

3.6.5 Betriebskosten des ÖPNV

In der Standardisierten Bewertung werden Kosten des ÖPNV-Betriebs unter dem Oberziel der Verringerung der finanziellen Belastungen für die Finanzierungs- bzw. Aufgabenträger des ÖPNV erfasst.

Zu den bewertungsrelevanten Betriebskosten zählen:

- Unterhaltungskosten für den ÖV-Fahrweg
- Vorhaltungskosten für die ÖV-Fahrzeuge
- ÖV-Betriebsführungskosten

Eine Elektrifizierungsmaßnahme wird stets Verschiebungen in der strukturellen Zusammensetzung dieser in Folge des einmaligen Investitionsaufwands laufend zu erbringenden Betriebskosten nach sich ziehen

Unterhaltungskosten für die Infrastruktur sind anteilig aus der Höhe der für einzelne Anlagenteile getätigten Investitionen zu errechnen. Durch die Errichtung einer Bahnstromversorgung steigen die Kosten der Fahrwegunterhaltung im Vergleich mit einer nicht-elektrifizierten Strecke. Die Standardisierte Bewertung Version 2006 setzt beispielsweise für Fahr- und Speiseleistungen jährlich 2,5 % der Investitionsausgaben an.

Die Vorhaltungskosten für die ÖV-Fahrzeuge gliedern sich in eine zeitabhängige und in eine laufleistungsabhängige Komponente der Fahrzeugunterhaltung, der Instandsetzung und Fahrzeugbehandlung. Diese Größen werden in der Bewertungsrechnung für Triebwagen aus den Gefäßgrößen bzw. der Anzahl verfügbarer Plätze und für lokbespannte Züge aus der Zusammenstellung der Züge abgeleitet. Die in Tabelle 10 und Tabelle 11 wiedergegebenen Kostensätze aus der Standardisierten Bewertung zeigen, dass die Unterhaltung von Dieselfahrzeugen höhere Kosten verursacht als die Unterhaltung von Elektrofahrzeugen.

| | Lokbespannte Züge mit 4 Personenwagen | | | |
| | Dieseltraktion | | Elektrotraktion | |
	Einstöckig	DoSto	Einstöckig	Dosto
Zeitabhängige Unterhaltung, Instandsetzung und Fahrzeugbehandlung in €/Jahr	85.000	105.000	75.000	95.000
Laufleistungsabhängige Unterhaltung, Instandsetzung und Fahrzeugbehandlung in €/Zug-km	1,50	1,90	1,30	1,70

Tabelle 10: Unterhaltungskostensätze der Standardisierten Bewertung für lokbespannte Züge

| | Nahverkehrstriebwagen | |
	Dieseltraktion	Elektrotraktion
Zeitabhängige Unterhaltung, Instandsetzung und Fahrzeugbehandlung in € je Platz und Jahr	120	89
Laufleistungsabhängige Unterhaltung, Instandsetzung und Fahrzeugbehandlung in Cent/Platz-km	0,22	0,15

Tabelle 11: Unterhaltungskostensätze der Standardisierten Bewertung für Nahverkehrstriebwagen

Unter den Kosten der ÖV-Betriebsführung werden Personalkosten und Energiekosten zusammengefasst. Sowohl die Kosten für das Fahr- als auch für das örtliche und für das Sicherheits- und Kontrollpersonal sind weitgehend unabhängig von der Traktionsart. In der Bewertung werden jeweils einheitliche Kostensätze je Einsatzstunde angesetzt.

Die Energiekosten hängen einerseits vom Treibstoff- bzw. Energiebedarf der eingesetzten Züge und ihrer Laufleistung und andererseits von den Preisen für Dieselkraftstoff und für elektrische Energie ab. Die strecken- und stationshaltbezogenen Energiekostensätze zur Verwendung in der Standardisierten Bewertung (Tabelle 12 und Tabelle 13), die sich aus den standardisierten Energiebedarfssätzen und den auf das Jahr 2006 bezogenen Energiepreisen[32] errechnen, lassen einen deutlichen Vorteil der Elektrotraktion erkennen.

	Lokbespannte Züge mit 4 Personenwagen			
	Dieseltraktion		Elektrotraktion	
	Einstöckig	DoSto	Einstöckig	Dosto
Streckenbezogene Energiekosten in €/Zug-km	1,84	2,21	0,54	0,62
Stationshaltbezogene Energiekosten in €/Zug-Halt	8,00	9,38	2,05	2,61

Tabelle 12: Energiekosten lokbespannter Züge in der Standardisierten Bewertung

Sowohl die streckenbezogenen als auch die stationshaltbezogenen Energiekosten der Dieseltraktion betragen das drei- bis vierfache der Energiekosten für vergleichbare elektrisch angetriebene Züge. Dieses Verhältnis wird sich in den kommenden Jahren weiter zugunsten elektrischer Antriebe verschieben (vgl. Abschnitt 4.2).

	Nahverkehrstriebwagen	
	Dieseltraktion	Elektrotraktion
Streckenbezogene Energiekosten in €/1.000 tkm	11,04	3,12
Stationshaltbezogene Energiekosten in €/1.000 tkm	24,84	9,20

Tabelle 13: Energiekosten von Nahverkehrstriebwagen in der Standardisierten Bewertung

Veränderungen in der Struktur bewertungsrelevanter Betriebskosten infolge einer Elektrifizierungsmaßnahme werden sich folglich aus den Unterhaltungskosten zusätzlicher Infrastruktur, aus niedrigeren Vorhaltungskosten für elektrisch angetriebene Fahrzeuge und nicht zuletzt aus den unterschiedlichen Energiekosten speisen (vgl. Abschnitt 3.5).

---

[32] Kraftstoffpreis: 0,92 €/l Diesel. Strompreis: 0,08 €/kWh

4 Elektrifizierungsspezifische Kriterien und deren Bewertung

4.1 Teilindikatoren des Elektrifizierungsnutzens

Das Verfahren zur Bewertung der Elektrifizierung baut auf dem Verfahren der Standardisierten Bewertung auf und entwickelt einige Merkmale der Standardisierten Bewertung weiter. Ausgangspunkt ist das Gefüge aus Mengen- und Wertgerüst zur Abbildung der gesamtwirtschaftlichen Teilindikatoren der Standardisierten Bewertung. In Frage kommen sowohl eine Überarbeitung der gegebenen Kennwerte des Mengen- und Wertgerüsts, als auch die Erweiterung des Mengengerüsts innerhalb einzelner Teilindikatoren. Darüber hinaus sind zusätzliche Teilindikatoren mit eigenem Mengen- und Wertgerüst möglich.

Der weiteren Untersuchung in den nachfolgenden Abschnitten unterliegen – mit Ausnahme der Berechnung des Energiebedarfs – die in Tabelle 14 aufgeführten Aspekte.

Die perspektivische Betrachtung der Rahmenbedingungen elektrischer Antriebe (Kapitel 3) verdeutlicht, dass die einer Elektrifizierung zuzurechnenden Wirkungen nicht ausschließlich aus den in Kapitel 0 besprochenen Nutzungsmöglichkeiten (Umleitungsstrecken, Ausweichstrecken, Lückenschlüsse, Linienverlängerungen) resultieren.

Aus dieser Betrachtung heraus wurden in Kapitel 3 bereits Aspekte beschrieben, die im Rahmen einer Bewertung der Elektrifizierung relevant werden. Dies betrifft vor allem den strukturellen Wandel in der Erzeugung elektrischer Energie. Daher werden zusätzliche Nutzenkomponenten in die Bewertung eingebracht, indem die Mengen- und Wertansätze, die auch im Regelverfahren Anwendung finden, überarbeitet werden. Dadurch werden zukünftige Verschiebungen im Preisgefüge von elektrischer Energie und Dieselkraftstoff antizipiert. Gleiches gilt für die energiebezogenen Emissionsfaktoren. Eine Überarbeitung des Mengengerüsts des Energiebedarfs ist im Grunde möglich, wird aber nach den Ergebnissen der Vergleichsrechnung in Abschnitt 3.6.2 nicht weiter verfolgt.

Wie in Abschnitt 2.4 dargelegt, verspricht in Bezug auf das Streckennetz des Landes Baden-Württemberg einzig die Nutzungsmöglichkeit als Umleitungsstrecke einen ausschließlich der Elektrifizierung zuzurechnenden Nutzen. Dieser Aspekt wird als eigener Teilindikator in die Bewertung aufgenommen. Der Aspekt einer Nutzungs-möglichkeit als Ausweichstrecke kommt als Teilindikator ebenfalls in Frage, wird aber nicht untersucht, da er nur auf eine einzige Strecke im gesamten Landesschienen-netz Anwendung finden kann.

Ergänzend treten Bewertungsansätze hinzu, die antriebspezifische Wirkungen auf Schallemissionen, Kapazitätserhöhungen der Infrastruktur, die Vermeidung von Fahrten unter Fahrdraht, die Vermeidung von Autarkiekosten des Dieselbetriebs und die verkehrlichen Wirkungen des Fahrkomforts betreffen.

Teilindikator	Ansatz	Methodik	Abschnitt
Energiebedarf	Differenzierte und detaillierte Berechnung des Energiebedarfs elektrisch angetriebener Züge inkl. Rückspeisung	Überarbeitung des Mengengerüsts	nicht weiter behandelt
	Antizipation der Verschiebungen im Preisgefüge, Anpassung der Kostensätze für elektrische Energie und Dieselkraftstoff	Überarbeitung des Wertgerüsts	4.2
CO_2- und Schadstoffemissionen	Auswirkungen der Energiewende auf Emissionsfaktoren elektrischer Energie und Berücksichtigung der technischen Entwicklung von Verbrennungsmotoren	Überarbeitung des Mengengerüsts	4.3
	Berücksichtigung geänderter gesellschaftlicher Präferenzen durch verfahrensübergreifende Vereinheitlichung der Wertansätze	Überarbeitung des Wertgerüsts	4.3
Schallemissionen	Berücksichtigung der Änderungen von Beeinträchtigungen durch antriebsbezogene Schallemissionen	Erweiterung des Mengengerüsts	4.4
Umleitungsstrecken	Bewertung der Reisezeitdifferenzen, wenn die Möglichkeit zur Nutzung als Umleitungsstrecke gegeben ist	Teilindikator mit eigenem Mengengerüst	4.5
Kapazitätserhöhung	Bewertung von Kapazitätserhöhungen, die aus Fahrzeitvorteilen der elektrischen Traktion entstehen	Teilindikator mit eigenem Wertgerüst	4.6
Vermeidung von Fahrten unter Fahrdraht	Zusätzliche Berücksichtigung grundsätzlich vermeidbarer Emissionen	Erweiterung des Mengengerüsts	4.7
Autarkiekosten des Dieselbetriebs	Positive Effekte durch Auflösung einer eigenen Fahrzeugflotte und Abbau dieselspezifischer Infrastruktur	Erweiterung des Mengengerüsts	4.8.1
Fahrkomfort	Wirkungen auf die Fahrgastnachfrage durch erhöhten Fahrkomfort nach Traktionswechsel	Erweiterung des Mengengerüsts	4.8.2

Tabelle 14: Teilindikatoren, Bewertungsansätze und Methodik

4.2 Energiekostensätze für die Bewertung

Bereits im Regelverfahren ist ein deutlicher Betriebskostenvorteil des Einsatzes elektrischer Energie zu erkennen. Wird das in Abschnitt 3.6.2 gezeigte Beispiel herangezogen, so ergeben sich unter Ansatz der Kostensätze der Standardisierten Bewertung (0,08 €/kWh bzw. 0,92 €/l Diesel) die Energiekosten eines Umlaufs zu 87 Euro für das elektrische und zu 228 Euro für das dieselgetriebene Vergleichsfahrzeug.

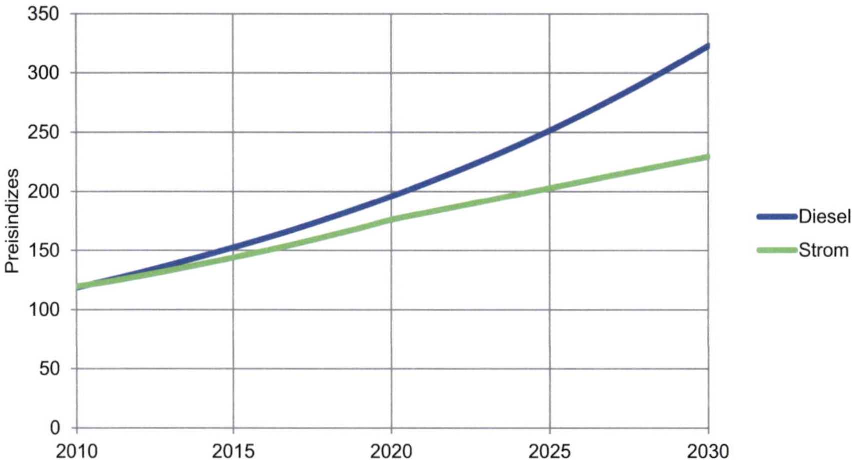

Abbildung 17: Vergleich der Prognose von Strom- und Dieselpreisindizes

Aus der Prognose der Strom- und Dieselpreisindizes (Abbildung 17) wird deutlich, dass dieser Betriebskostenvorteil in Zukunft weiter zunehmen wird, weil der Dieselpreis stärker steigen wird als der Preis elektrischer Energie.

Mittels der energiemixabhängigen Prognose der Preisindizes können die Kostensätze der Standardisierten Bewertung für jedes definierte Szenario fortgeschrieben werden. Tabelle 15 zeigt die Fortschreibung der Energiekostensätze im Szenarienvergleich unter Berücksichtigung der Preissteigerungsraten.

In Entsprechung zur Standardisierten Bewertung sind die gezeigten Energiepreise als Nettopreise ohne Mehrwertsteuer, aber inklusive Verbrauchsteuern – Öko- und Mineralölsteuer, Stromsteuer – aufzufassen.

Szenario	Strom EUR/kWh	Diesel EUR/l Diesel
Standardisierte Bewertung 2006	0,080	0,92
Energiemix 2005	0,077	0,92
Energiemix 2010	0,095	1,04
Energiemix 2020	**0,136**	**1,80**
Energiemix 2020* Modifiziert: 0 % Kernenergie	0,138	1,80
Energiemix 2030	0,177	2,97

Tabelle 15: Nominale Fortschreibung der Energiekostensätze

In der Bewertung sind Realpreise statt Nominalpreise anzusetzen, um einen einheitlichen Preisstand zu wahren. Unter der Annahme einer Preissteigerung von durchschnittlich 1,6 % pro Jahr, die aus einer exponentiellen Fortschreibung des Verbraucherpreisindex mit konstanter Wachstumsrate gewonnen wurde, werden die in Tabelle 15 angegebenen Nominalwerte in den Preisstand des Jahres 2006 (Basisjahr der Standardisierten Bewertung) umgerechnet (Tabelle 16).

Szenario	Strom EUR/kWh	Diesel EUR/l Diesel
Standardisierte Bewertung 2006	0,080	0,92
Energiemix 2005	0,077	0,92
Energiemix 2010	0,087	0,96
Energiemix 2020	**0,106**	**1,41**
Energiemix 2020* Modifiziert: 0 % Kernenergie	0,108	1,41
Energiemix 2030	0,118	1,98

Tabelle 16: Fortschreibung der Energiekostensätze zum Preisstand 2006

Durch Ansatz der fortgeschriebenen Energiepreise wird bezüglich der elektrischen Energie die Auswirkung einer Veränderung im Energiemix und bezüglich des Dieselkraftstoffs der Effekt einer zukünftigen Verknappung fossiler Ressourcen antizipiert, wobei allgemeine Preissteigerungseffekte außer Ansatz bleiben. Dadurch bleibt der einheitliche Preisstand des Regelverfahrens gewahrt.

Fett hervorgehoben sind in der Tabelle die aus gutachterlicher Sicht für den Ansatz in der Bewertung geeigneten Kostensätze. Als Grundlage wurde das Szenario des Jahres 2020 gewählt. Es erlaubt einen angemessenen Kompromiss zwischen einer möglichst weitreichenden Antizipation zukünftiger Verhältnisse und einer nach Möglichkeit geringen Prognoseunsicherheit.

4.3 CO_2-Emissionen und Bewertung sonstiger Schadstoffe

4.3.1 Überarbeitung der Mengen- und Wertansätze

Analog zum Regelverfahren der Standardisierten Bewertung werden Luftschadstoffe und klimarelevante Emissionen in die Bewertung des durch Elektrifizierung gewonnenen Zusatznutzens einbezogen.

In einem ersten Schritt werden die Mengenansätze für traktionsbedingte Emissionen des Schienenverkehrs an die technologischen Entwicklungen seit der letzten Übererarbeitung des Regelverfahrens angepasst. Dies beinhaltet sowohl die Anpassung der Emissionskennwerte für den Einsatz elektrischer Energie unter Berücksichtigung der Änderungen des Energiemixes als auch die Fortschreibung der Emissionskennwerte verbrennungsgetriebener Schienenfahrzeuge auf den aktuellen Stand der Technik. Analog zum Regelverfahren der Standardisierten Bewertung werden einheitliche Emissionsfaktoren für den Verbrauch von Dieselkraftstoff angesetzt, so dass von dieser Änderung auch Betriebsleistungen mit Bussen erfasst werden.

Die Wertansätze zur Bewertung der Emissionen von Luftschadstoffen werden in einem zweiten Schritt an Best-Practice-Bewertungsansätze angeglichen. Dadurch wird insbesondere dem Umstand Rechnung getragen, dass einzelne Schadstoffkomponenten durch wandelnde gesellschaftliche Präferenzen mittlerweile stärker zu gewichten sind als nach Vorgabe des Regelverfahrens der Standardisierten Bewertung zum Stand des Jahres 2006.

4.3.2 Mengengerüst für klimarelevante Emissionen und Luftschadstoffe

Der Ansatz zur Bewertung der durch den Schienenverkehr verursachten Emissionen basiert auf der Studie von (MAIBACH, et al. 2007) im Auftrag des Umweltbundesamtes sowie auf der Methodenkonvention des Umweltbundesamtes zur Bewertung von Umweltschäden aus demselben Jahr (UBA 2007).

Emissionen von Kohlendioxid werden weiterhin als Leitkomponente für klimarelevante Einflüsse in Ansatz gebracht. Im Vergleich zum Regelverfahren der Standardisierten Bewertung, deren Ansatz auf Studien von (PLANCO Consulting 1998) und (PLANCO Consulting 1999) beruhte, finden Kohlenmonoxidemissionen (CO) nach Quellenlage im Mengengerüst keine Berücksichtigung und werden demzufolge in der Bewertung der Elektrifizierung nicht mehr erfasst. Einen Überblick über die im jeweiligen Mengengerüst angesetzten Luftschadstoffe gibt Tabelle 17.

Emission von ...	Standardisierte Bewertung (Regelverfahren)	Bewertung der Elektrifizierung
CO_2	X	X
CO	X	
SO_2	X	X
NO_X	X	X
PM_{10}	X	X
NMVOC	X[33]	X

Tabelle 17: Ansätze zur Bewertung von Kohlendioxid- und Schadstoffemissionen im Vergleich

4.3.3 Wertgerüst für klimarelevante Emissionen und Luftschadstoffe

Zwar sind elektrisch getriebene Fahrzeuge lokal als untergeordnete Schadstoffemittenten einzuordnen, dennoch werden durch den Bezug elektrischer Energie an anderer Stelle – nämlich am Standort des Kraftwerks – bewertungsrelevante Emissionen freigesetzt. Ebenso wie für dieselgetriebene Fahrzeuge ist daher eine Bewertung der

---

[33] In der Standardisierten Bewertung als VOC erfasst; darin enthalten sind die NMVOC und Emissionen von Methan (CH_4)

Emissionen vorzunehmen. Diese Bewertung stütz sich auf ein einheitliches Wertgerüst.

Diesbezüglich sind nicht erst seit der letzten Überarbeitung der Standardisierten Bewertung Veränderungen der gesellschaftlichen Präferenzen festzustellen, denen durch das Wertgerüst monetärer Ausdruck verliehen wird.

Vor allem ist vor dem Hintergrund problematischer Feinstaubbelastungen die Sensibilität für Emissionen von Kleinstpartikeln spürbar gestiegen.

Tabelle 18 zeigt die Wertansätze der Standardisierten Bewertung im Vergleich mit denen, die durch das Umweltbundesamt in (UBA 2007) und (MAIBACH, et al. 2007) erarbeitet wurden, und macht diese Präferenzverschiebungen deutlich. Eine noch höhere Gewichtung der PM_{10}-Belastung könnte nach Quellenlage sogar durchaus gerechtfertigt sein.

Für die Bewertung der Elektrifizierung werden – mit Ausnahme des Wertansatzes für Kohlendioxid – die in Tabelle 18 aufgeführten Bewertungssätze übernommen, um auf eine übergreifende Vereinheitlichung der Bewertungsmaßstäbe hinzuarbeiten. Die Bewertung der Kohlendioxidemissionen folgt aus Gründen der Praktikabilität und Vergleichbarkeit vorerst den Maßstäben des Regelverfahrens der Standardisierten Bewertung. Eine Angleichung des Wertansatzes sollte aber für eine zukünftige Überarbeitung angedacht bleiben.

Emission von ...		Standardisierte Bewertung		Nach (UBA 2007)
		Innerorts	Außerorts	
CO_2	EUR/t	231	231	70
CO	EUR/t	8,73	2,58	–
SO_2	EUR/t	2.643	859	5.200
NO_X	EUR/t	2.643	859	3.600
PM_{10}	EUR/t	995	294	1.200
NMVOC	EUR/t	4.367	1.289	12.000

Tabelle 18: Wertansätze für Kohlendioxid- und Schadstoffemissionen im Vergleich

4.3.4 Mengen- und Wertansätze für Emissionen elektrischer Antriebe

Während elektrisch getriebene Fahrzeuge lokal als untergeordnete Schadstoffemittenten einzuordnen sind, werden durch die Bereitstellung der elektrischen Energie am Ort der Stromerzeugung bewertungsrelevante Klimagase und Luftschadstoffe in die Atmosphäre bzw. an die Umwelt abgegeben. Diese lassen sich über den erforderlichen Energiebedarf unmittelbar dem Betrieb elektrisch getriebener Fahrzeuge zuordnen. Gleichzeitig ist es nicht möglich, die Herkunft des Stromes zweifelsfrei zu ermitteln. Hilfsweise stützen sich Emissionsfaktoren elektrischer Fahrzeuge auf den Energiemix, d. h. die Anteile eingesetzter Energieträger an der Gesamtstromerzeugung.

Die Dimensionen des Mengengerüsts bleiben im Vergleich zur Standardisierten Bewertung unverändert: Durch Einsatz elektrischer Energie abgegebene Emissionen werden in g/kWh gemessen, und Emissionen des Dieselbetriebs in g/l eingesetztem Dieselkraftstoff.

Energiemix-Szenario	CO_2 in g / kWh	Sonstige Schadstoffe in Ct / kWh
Standardisierte Bewertung 2006	616	0,30
Mix 2005	629	0,45
Mix 2010	566	0,40
Mix 2020	**564**	**0,39**
Mix 2020*	595	0,40
Mix 2030	414	0,34

Tabelle 19: Mengen- und Wertansätze der Emissionen elektrischer Energie im Szenarienvergleich

Für alle in Abschnitt 4.2 definierten Energiemix-Szenarien zeigt Tabelle 19 die Mengenansätze klimarelevanter Kohlendioxidemissionen und die Wertansätze sonstiger Luftschadstoffe.

Der Mengenansatz für Kohlendioxidemissionen ergibt sich direkt aus der Gewichtung der CO_2-Emissionsraten der einzelnen Energieträger anhand ihrer Stromerzeugungsanteile im jeweiligen Energiemix. Die Wertansätze sonstiger Schadstoffe bestimmen sich aus der Bewertung der Emissionsraten für die nach Tabelle 17 anzusetzenden Schadstoffe mit den in Abschnitt 4.3.3 gegebenen Kostensätzen.

Der Argumentation in Abschnitt 4.3.3 folgend, werden der Bewertung der Elektrifizierung die in der Tabelle in Fettschrift hervorgehobenen Bedingungen des Szenarios „Mix 2020" zugrunde gelegt.

4.3.5 Mengenansätze für Fahrzeuge mit Dieselantrieb

Die Emissionsfaktoren für den Betrieb von dieselgetriebenen Schienenfahrzeugen wurden mengenmäßig dem aktuellen Stand der Technik angepasst und sind in Tabelle 20 aufgeführt.

Emission von ...		ICE	EC/IC	RE/RB/IRE	S-Bahn	Vorkette
CO_2	g/l Diesel	2.515	2.515	2.515	2.515	392
SO_2	g/l Diesel	0,017	0,017	0,017	0,017	3,674
NO_X	g/l Diesel	25,63	46,26	34,90	38,99	1,50
PM_{10}	g/l Diesel	0,50	0,42	0,25	0,75	0,19
NMHC[34]	g/l Diesel	0,84	1,84	1,09	2,00	1,25

Tabelle 20: Dieselverbrauchsspezifische Emissionsraten[35]

Daraus folgen die in Tabelle 21 genannten Mengen- und Wertansätze für Kohlendioxid- und Schadstoffemissionen. Zum Vergleich ist der Ansatz der Standardisierten Bewertung gezeigt.

Bewertungsverfahren	CO2 in g / l Diesel	Sonstige Schadstoffe in Ct / l Diesel
Standardisierte Bewertung 2006	3.020	11,0
Bewertung der Elektrifizierung	2.907	18,0

Tabelle 21: Mengen- und Wertansätze für Emissionen im Vergleich der Bewertungsverfahren

Diese Mengen- und Wertansätze finden innerhalb der Bewertung sowohl auf den Betrieb von Schienenfahrzeugen als auch auf den Betrieb von Bussen des ÖPNV Anwendung.

Eine über den Status quo hinausblickende Prognose der Emissionsraten zukünftiger Dieselfahrzeuge erscheint aus gutachterlicher Sicht methodisch nicht hinreichend abgesichert.

4.3.6 Zusammenfassung der Mengen- und Wertansätze für Emissionen

In Tabelle 22 sind die in den vorangehenden Abschnitten beschriebenen Mengen- und Wertansätze von Emissionen für die Bewertung der Elektrifizierung zusammenfassend dargestellt.

---

[34] Die NMHC sind eine Teilmenge der NMVOC

[35] Ansatz nach (IFEU 2011)

Bewertungsverfahren	CO_2	Sonstige Schadstoffe
Elektrisch getriebene Fahrzeuge (Schienenfahrzeuge)	564 g/kWh	0,39 Ct/kWh
Dieselgetriebene Fahrzeuge (Schienenfahrzeuge und Busse)	2.907 g/l Diesel	18,0 Ct/l Diesel

Tabelle 22: Mengen- und Wertansätze für Emissionen zur Bewertung der Elektrifizierung

Die maßgeblichen Eingangsgrößen – der Energiebedarf und Kraftstoffverbrauch der Fahrzeuge – richtet sich grundsätzlich nach den Rechenvorschriften des Regelverfahrens. Fahrzeuge, die bislang nicht vom Verfahren der Standardisierten Bewertung erfasst wurden (Personenfernzüge, Güterzüge) sind in Abschnitt 4.7 beschrieben.

4.4 Schallemissionen

Die Ermittlung der Schallemissionen im Mit- und Ohnefall ist Bestandteil des Regelverfahrens der Standardisierten Bewertung und erfolgt nach

- der Sechzehnten Verordnung zur Durchführung des Bundes-Immissionsschutzgesetzes (Verkehrslärmschutzverordnung - 16. BImSchV) – Anlage 2 (zu § 3),
- der Richtlinie zur Berechnung von Schallimmissionen von Schienenwegen (Schall 03) oder
- der Vorläufigen Berechnungsmethode für den Umgebungslärm an Schienenwegen (VBUSch).

Keines dieser Regelwerke berücksichtigt Schallpegelunterschiede in Abhängigkeit des Fahrzeugantriebs. Im Vordergrund steht – auch in wissenschaftlichen Untersuchungen[36] – die Unterscheidung von Zuggattungen, bspw. Züge des Hochgeschwindigkeitsverkehrs, des Nahverkehrs und Güterzüge, und der installierten Bremssysteme, wobei auf eine differenzierende Betrachtung der Antriebsarten verzichtet wird. Dementsprechend wird auch in der Standardisierten Bewertung nicht hinsichtlich der Antriebsart differenziert.

Diese Nichtberücksichtigung der Antriebsart geht davon aus, dass nur im Stand und bei sehr niedrigen Geschwindigkeiten das Antriebsgeräusch (Motoren und Lüfter)

---

[36] Vgl. UBA (Hrsg., 2003), S. 7 ff. und S. 11 f.

einen nennenswerten Beitrag zum Gesamtschallpegel von Schienenfahrzeugen leistet. Die nachfolgende Abbildung 18 zeigt, dass bei Geschwindigkeiten unter 40 km/h die Antriebsgeräusche dominieren und bei höheren Geschwindigkeiten das Rollgeräusch maßgebend wird. Erst im Hochgeschwindigkeitsbereich wird die Aerodynamik als Schallquelle ausschlaggebend.

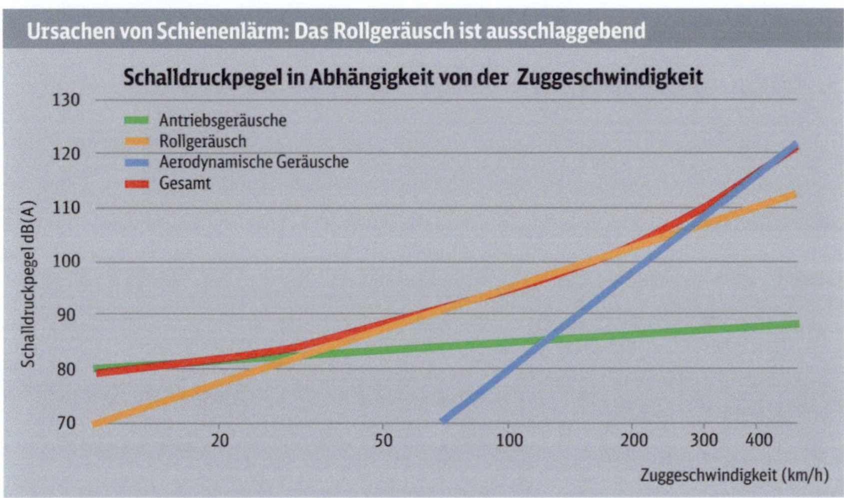

Abbildung 18: Schalldruckpegel in Abhängigkeit der Zuggeschwindigkeit.[37]

Auf europäischer Ebene werden Schallemissionen des Schienenverkehrs durch die TSI Lärm (2011/229/EU) reguliert. In dieser europäischen Norm werden dem Stand- und Anfahrgeräusch sowie dem Schallpegel einer Vorbeifahrt von Triebwagen nach Antriebsarten differenzierte Grenzen gesetzt. Als eine auf eine Reduktion der Schallemissionen von Schienenfahrzeugen zielende Norm orientiert sich die TSI Lärm dabei an den real vorhandenen Gegebenheiten, um von diesen ausgehende Reduktionsziele umzusetzen.

Für die verantwortlichen Verkehrsunternehmen ist ein Unterschreiten der Grenzwerte tendenziell mit höheren Kosten der Grenzwerteinhaltung – z. B. durch Einsatz zusätzlicher technischer Schallschutzmaßnahmen – verbunden. Somit ist die Annahme plausibel, dass die vorgegebenen Grenzen bindende Wirkung entfalten. Es kann da-

---

[37] Deutsche Bahn AG (2009), Schallschutz – eine Investition in die Zukunft der Bahn, Broschüre, http://www.deutschebahn.com/file/de/4337650/FHBhfVJ3eBp30WCt6yaR0Arldlk/2179626/data/sch allschutzbroschuere.pdf

her für die Bewertung der Effekte der Elektrifizierung zulässigerweise angenommen werden, dass die in der TSI Noise zugelassenen Schallpegeldifferenzen zwischen Diesel- und elektrischen Antrieben sich in realiter als messbare Schallpegelunterschiede einstellen werden.

Die TSI unterscheidet für die drei Geräuschtypen nach

- elektrisch- und dieselbetriebenen Triebwagen sowie
- Elektro- und Diesellokomotiven bei lokbespannten Zügen.

Wie die nachfolgende Tabelle zeigt, werden dabei sowohl die dieselbetriebenen Triebwagen als auch beide Lokomotivengruppen nach leistungsbezogenen Kriterien weiter unterteilt.

	Vorbeifahr-geräusch	Anfahr-geräusch	Stand-geräusch
	in dB(A)		
Dieseltriebwagen < 500 kW	82	83	73
Dieseltriebwagen ≥ 500 kW	82	85	73
Elektrische Triebwagen	81	82	68
Diesellokomotive < 2.000 kW	85	86	75
Diesellokomotive ≥ 2.000 kW	85	89	75
Elektrolokomotive < 4.500 kW	85	82	75
Elektrolokomotive ≥ 4.500 kW	85	85	75

Tabelle 23: Grenzwerte der TSI Lärm

Die Tabelle zeigt, dass bei der Unterscheidung nach Diesel- bzw. Elektrolokomotiven sowohl beim Vorbeifahr- als auch beim Standgeräusch keine Unterschiede bestehen. Darüber hinaus ist der Unterschied beim Vorbeifahrgeräusch bei Diesel- und Elektrotriebwagen mit einem dB(A) nur gering. Hinzu kommt, dass eine Vorbeifahrt mit einer Geschwindigkeit unter 40 km/h nur in seltenen Fällen vorkommt und bei höheren Geschwindigkeiten wiederum das Rollgeräusch dominiert. Aus Vereinfachungsgründen werden deshalb die Vorbeifahrgeräusche insgesamt sowie die Standgeräusche bei lokbespannten Zügen nicht weiter berücksichtigt.

Die Bewertung der Schallpegeländerungen durch den Traktionswechsel auf elektrischen Antrieb wird an das Berechnungsverfahren der Standardisierten Bewertung angelehnt. In Erweiterung zum Regelverfahren werden sowohl die Tages- als auch die Nachtwerte berücksichtigt. Hintergrund hierzu ist, dass eine größere Zahl von Strecken, die im Rahmen von Elektrifizierungsmaßnahmen betrachtet werden, eingleisige Strecken sind. Hier können ggf. auch in den Nachtstunden Kreuzungen erfolgen, die einen – auch längeren – Aufenthalt von Zügen zur Folge haben. Ist auf der betrachteten Strecke kein nennenswerter Güterverkehr (bzw. kein nennenswerter Zugverkehr insgesamt) in der Nacht vorhanden, kann in Abstimmung mit dem Zuwendungsgeber auf die Berechnung der Nachtwerte verzichtet werden.

Für die Ermittlung der zusätzlichen Nutzen aus der Elektrifizierung der Strecke erfolgt die Berechnung der Schallpegel unter Ansatz eines identischen Bedienungsangebots in Ohne- und Mitfall, wobei nur hinsichtlich der Traktionsart unterschieden wird. Hierfür werden die Differenzen der Lärm-Einwohner-Gleichwerte ermittelt, die damit allein dem Traktionswechsel zuzurechnen sind. Die Lärm-Einwohner-Gleichwerte werden in der Differenz zu den jeweiligen Tag/Nacht-Grenzwerten für

- Krankenhäuser, Schulen, Kurheimen und Altenheimen,
- reine und allgemeine Wohngebiete und Kleinsiedlungsgebiete,
- Kerngebiete, Dorfgebiete und Mischgebiete sowie
- Gewerbegebiete

ermittelt.

Hierzu werden ausgehend von den Grundwerten nach Tabelle 3 die Mittelungspegel für Tag und Nacht für Anfahr- und Standgeräusch sowie unter Abzug der Korrekturen (entsprechend der Schall 03) die Beurteilungspegel Tag und Nacht ermittelt.

Zur Berechnung der Lärm-Einwohner-Gleichwerte werden die betroffenen Einwohner Tag und Nacht entsprechend den o.g. Gebieten ermittelt. Unter der Voraussetzung eines durchgängigen Betriebes kann dies zusammengefasst für eine Gesamtstrecke erfolgen. Bei ungleichmäßiger Bedienung können wiederum Gebiete gleicher Charakteristik zusammengefasst werden oder es kann jedes betroffene Siedlungsgebiet getrennt gelistet werden.

Die Bewertung erfolgt anhand des Lärm-Einwohner-Gleichwerts (LEG) dessen Wertansatz mit derzeit 56 €/LEG aus der Standardisierten Bewertung Version 2006 übernommen wird.

4.5 Umleitungsstrecken

Im teilweise dichten deutschen Streckennetz existieren neben den überwiegend zweigleisig ausgebauten und mit 15 kV/16,7 Hz Wechselstrom elektrifizierten Hauptstrecken eine Reihe von Nebenstrecken, die zum großen Teil meist eingleisig und nicht elektrifiziert sind.

Aufgrund der Vernetzung des Schienennetzes wären einige Nebenstrecken als Ausweich- und Umleitungsstrecken bei Störfällen von absehbarer Dauer geeignet. Da bei Störungen auf elektrifizierten Hauptstrecken ein Ausweichen auf die nicht elektrifizierten Nebenstrecken mit Traktionswechsel heute an den nicht kurzfristig und in ausreichender Zahl am richtigen Ort verfügbaren Dieselfahrzeugen scheitert, ist dieser Umstand geeignet, in einer Nutzen-Kosten-Betrachtung als Nutzen der Elektrifizierung berücksichtigt zu werden.

Zur Anwendung kommt eine Umleitungsregelung bei einer Störung auf der Hauptstrecke, wenn die Summe aus störfallbedingter Standzeit und Reisezeit auf dem Regelweg größer ist als die Reisezeit auf der Umleitungsstrecke. Heute werden Personenfernverkehrszüge am letzten größeren Bahnhof vor der Sperre angehalten, falls keine Umleitungsmöglichkeit besteht. Für die Fahrgäste des Fernverkehrs bedeutet dies eine längere Wartezeit oder – durch eine großräumige Umleitung über andere elektrifizierte Strecken – den Entfall des Halts an dem sie aussteigen wollen.

Kurzfristige Umleitungen kommen in der Regel nur für Züge des Personenfernverkehrs zur Anwendung. Nahverkehrszüge sind nur bedingt geeignet, da deren Laufweg deutlich kürzer ist und bei einer Umleitung ein Großteil der Halte nicht angefahren werden kann. Personennahverkehrszüge werden daher an dem letzten befahrbaren Bahnhof vor der Streckensperre gewendet. Im Einzelfall können langlaufende Züge des Regionalverkehrs (InterRegio-Express-Züge) einer gesonderten Betrachtung entsprechend dem Fernverkehr unterzogen werden.

Bei Güterzügen mit langen Laufwegen fällt ein Fahrzeitverlust von zwei bis drei Stunden bei einer deutlich längeren Gesamtfahrzeit weniger ins Gewicht als im Personenverkehr. Auch sind andere limitierende Faktoren zu beachten, z. B. Längen von Ausweich- und Überholgleisen, die auf üblicherweise nicht von Transitgüterverkehr befahrenen Strecken nur eingeschränkt vorhanden sind. Daher werden Güterzüge bei einem Störfall auf der Hauptstrecke an den nächst möglichen Ausweich- und Überholgleisen auf Abruf gestellt.

In einer Erweiterung der Standardisierten Bewertung um Umleitungsmöglichkeiten für eine zu elektrifizierende Strecke sind in der Nähe verlaufende, bereits elektrifizierte Strecken zu berücksichtigen. Bewertet werden Umleitungsmöglichkeiten über zu ermittelnde gesparte Reisezeiten der Fahrgäste, die quantifiziert und über vorhandene Kostensätze der Standardisierten Bewertung auch monetarisiert werden können.

Bei einer Annahme eines typischen Störfalles von ca. zwei Stunden Dauer, in dem die Hauptstrecke in beiden Fahrtrichtungen gesperrt ist, kann die Standzeit der betroffenen Fernverkehrszüge an ihrem letzten Planhalt vor der Streckensperre berechnet werden und deren Planfahrzeit auf dem betrachteten Streckenabschnitt aus dem Fahrplan ermittelt werden. Diese beiden Zeiten addiert müssen größer sein als die Zeit, die die Züge ohne Standzeit via Umleitungsstrecke benötigen. Letztere Zeit ist zum Teil von anderen, auf der Umleitungsstrecke vergleichbaren Zügen des Fernverkehrs oder schnellen Zügen des Nahverkehrs, z. B. Interregio-Express-Zügen überschlägig zu ermitteln. Da diese üblicherweise auf der Nebenstrecke Zwischenhalte einlegen, die die umzuleitenden Züge nur aus betrieblichen Gründen machen müssten, ergibt dies eine praxisnahe Reisezeit ohne eine exakte Berechnung der erzielbaren Fahrzeiten durchzuführen (die nur über eine fahrdynamische Berechnung sowie aufwändiger Analyse der Streckenkapazität zu erreichen wäre).

Die aus der Differenz von Standzeit plus Planfahrzeit und Reisezeit via Umleitungsstrecke erhaltenen gesparten Reisezeiten pro Zugfahrt können in einem weiteren Schritt über den Besetzungsgrad und den auf der betrachteten Strecke durchfahrenden Reisenden sowie der Zahl der Störfälle pro Jahr in die Summe der gesparten Reisezeiten pro Jahr umgerechnet werden. Diese drei Werte sind bei jeder betrachteten Strecke anzupassen, da sie je nach Region bzw. Strecke stark differieren können. Der ermittelte Saldo der gesparten Reisezeiten aus Umleitung im Mitfall und Umleitung im Ohnefall kann abschließend über den Stundensatz der Standardisierten Bewertung für Reisezeitverluste monetarisiert werden.

Die Möglichkeit der aufrechterhaltenen Verbindungen, d. h. der durch die Elektrifizierung der Umleitungsstrecke weiterhin möglichen Halte, ist über die Zahl der von der Umleitung betroffenen Züge und den Anteil der ein- und aussteigenden Reisenden am im Ohnefall entfallenden bzw. im Mitfall nicht entfallenden Halt zu ermitteln. Über deren Anzahl, die sich aus den von der Störung betroffenen Zügen unter Beachtung des streckenspezifischen Besetzungsgrades ergibt sowie der durchschnittlich gesparten Reisezeit lässt sich der Saldo aus den Werten von Mitfall und Ohnefall bilden, welcher mit dem Stundensatz der Standardisierten Bewertung für Reisezeiten eine Monetarisierung ermöglicht. Der Stundesatz beträgt 7,50 Euro in der Version 2006 der Standardisierten Bewertung.

Somit werden zwei Werte monetarisierten Nutzens ermittelt, die in den Nutzen-Kosten-Indikator der Standardisierten Bewertung einfließen und diesen im Falle von Elektrifizierungsmaßnahmen verbessern.

4.6 Kapazitätserhöhung

4.6.1 Kapazitätserhöhung durch Fahrzeitreduktionen

Kapazitätserhöhungen einer Strecke sind bei reinen Streckenelektrifizierungen, die keine weiteren Maßnahmen wie beispielsweise den Bau zusätzlicher Streckengleise oder die Einrichtung zusätzlicher Kreuzungsmöglichkeiten vorsehen, ausschließlich durch Fahrzeitverkürzungen denkbar, die mit dem Wechsel der Traktionsart einhergehen. Diese wären vor allen aufgrund eines höheren Beschleunigungsvermögens elektrisch angetriebener Züge zu erwarten

Aus reduzierten technischen Fahrzeiten kann auf drei Arten Nutzen gezogen werden:

1. Aus Fahrzeitverkürzungen können zusätzliche Pufferzeiten generiert werden, wodurch unter Umständen die Betriebsqualität des Fahrplans gesteigert werden kann. Gegebenenfalls lassen sich also Verspätungen vermeiden und auch Anschlüsse besser einhalten.

2. Die Qualität zu sichernder Anschlüsse kann gesteigert werden, indem bei kürzeren Fahrzeiten auf der Strecke längere Haltezeiten an Umsteigeknoten geplant werden.

3. Fahrzeitverkürzungen können gegebenenfalls dazu genutzt werden, den Betrieb auf einer Strecke auszuweiten. Zusätzliche Trassen, die aus kürzeren Bele-

gungszeiten der Strecke resultieren, könnten so in Angebotsverdichtungen umgesetzt werden, die über das Maß des geplanten Betriebsprogramms hinausgehen.

Die Entstehung eines konkreten, reellen Nutzens steht in allen Fällen unter dem Vorbehalt weiterer Randbedingungen, wodurch eine einzelfallunabhängige Nutzenquantifizierung deutlich erschwert wird. Nichtsdestotrotz bringt schon die Möglichkeit, zusätzlichen reellen Nutzen generieren zu können, mehr Flexibilität in der Gestaltung des Betriebsprogramms mit sich, und ist damit selbst ein quantifizierungswürdiger Nutzen.

Zur Quantifizierung und Monetarisierung dieses Nutzens einer theoretischen Kapazitätserhöhung drängen sich zwei verschiedene Methoden auf. Entweder werden die aus Fahrzeitverkürzungen theoretisch möglichen zusätzlichen Trassen beziffert und mit dem streckenbezogenen Trassenpreis bewertet, oder das in zusätzliche Betriebsqualität umsetzbare Zeitpotential wird ermittelt, welches dann mit einem Wertansatz für vermiedene Verspätungen zu belegen ist.

Vergleichbarkeit ist in jedem Fall nur gegeben, wenn zur Berechnung der zusätzlichen theoretischen Kapazität ein mengenmäßig einheitliches Betriebsprogramm sowohl für den Diesel- als auch für den elektrifizierten Betrieb unterstellt wird. Aus diesem Grund sind in der Berechnung die Bedienungshäufigkeiten des Planfalls anzusetzen.

4.6.2 Beispielrechnung zur Kapazitätserhöhung

Eine Beispiel- bzw. Vergleichsrechnung zeigt, welcher der beiden denkbaren Ansätze – zusätzliche theoretische Trassenkapazität oder Betriebsqualitätspotential – für das zu entwickelnde Verfahren sowohl von der Methodik her als auch im Sinne des Anwenders praktikabler ist.

Analog zum den in Abschnitt 3.6.2 durchgeführten Vergleichsrechnungen wird die theoretische Kapazitätserhöhung am fiktiven Beispiel einer elektrifizierten Brenzbahn zwischen Aalen und Ulm untersucht. Die Vergleichszüge sind ein Dreifachverband von Dieseltriebwagen RS1 sowie ein Elektrotriebwagen ET 425.

Ein Umlauf misst in diesem Szenario 145 km in der Länge. Für den Planfall nehmen wir ein typisches Nahverkehrsbetriebsprogramm mit einem Stundentakt und 20 täglichen Fahrten an. Die Bedienungshäufigkeit von 20 Fahrten pro Tag findet damit Eingang in die Berechnung.

Die Fahrzeiten der Vergleichsfahrzeuge sind Tabelle 24 zu entnehmen. Demnach beträgt die Fahrzeitdifferenz Δt_F 10 min.

Vergleichsrechnung mit RE-Halten	Fahrzeit
Elektrotriebwagen ET 425	95 min
Dieseltriebwagen RS1 in Dreifachtraktion	105 min

Tabelle 24: Fahrzeitvergleich für die beispielhafte Berechnung einer Kapazitätserhöhung

Variante 1: Bewertung der zusätzlichen theoretischen Trassenkapazität

Benötigt werden folgende Angaben:

Fahrzeit des elektrisch getriebenen
Fahrzeugs t_F (Belegungszeit): 95 min

Fahrzeitdifferenz Δt_F: 10 min

Bedienungshäufigkeit des Planfalls: 20 Fahrten / Tag

Umlauflänge: 145 km

Trassenpreis (Preisstand 2012): 4,52 Euro / km bzw. 327,68 Euro je Richtung[38]

Daraus berechnen sich:

Zus. theor. Trassenkapazität = Fahrzeitdifferenz * Bedienungshäufigkeit / Belegungszeit

$$= 10 \text{ min} * (20 / \text{Tag}) / 95 \text{ min} \approx 2 / \text{Tag}$$

Die Monetarisierung der zusätzlichen Trassen mittels des Trassenpreises führt zu einem potentiellen Trassenentgelt pro Tag von 2 * 2 * 328 Euro = 1.312 Euro.

Unter der Annahme von durchschnittlich 300 Betriebstagen pro Jahr resultiert daraus ein Wertansatz für die zusätzliche theoretische Kapazität in Höhe von 393.600 Euro

Variante 2: Bewertung der zusätzlichen theoretischen Betriebsqualität

---

[38] Preis einer Nahverkehrstakttrasse lt. Auskunftssystem der (DB NETZ AG 2012)

Benötigt werden folgende Angaben, wobei der Wertansatz gesteigerter Betriebsqualität zunächst ausgeklammert wird:

Fahrzeitdifferenz Δt_F: 10 min

Bedienungshäufigkeit des Planfalls: 20 Fahrten / Tag

Daraus ergibt sich ein Zeitpotentialgewinn für die Umsetzung in Betriebsqualität von 10 * 20 min / Tag = 200 min / Tag.

Werden 300 jährliche Betriebstage angesetzt, so ergeben sich in jedem Jahr 60.000 Minuten bzw. 1.000 Stunden, die zur Steigerung der Betriebsqualität verwendet werden können. Gleichzeitig bedeutet dies, dass der Wertansatz gesteigerter Betriebsqualität höchstens 393,60 Euro pro gewonnener Stunde betragen dürfte, damit die Bewertung nach Variante 2 einen geringeren Ausschlag hervorriefe als die Bewertung nach Variante 1.

Nach (ACKERMANN 1998) sind für Verspätungen im nahverkehrsähnlichen Schienenverkehr mindestens 45 DM pro Minute zum Preisstand des Jahres 1996 alleine für die betriebswirtschaftlichen Folgen anzusetzen.[39] Selbst unter Annahme einer durchschnittlichen Preissteigerung von nur 2 % pro Jahr würde daraus zum Preisstand des Jahres 2006 ein Ansatz von mindestens 28 Euro pro gewonnener Minute für den Nahverkehr resultieren, das sind 1.680 Euro pro Stunde. Im vorliegenden Beispiel würde dies bedeuten, die potentiellen Kapazitätsgewinne an der absoluten Untergrenze mit einem monetären Nutzen von 1,68 Mio. Euro zu bewerten – bzw. mit dem 4,3-fachen des Ansatzes nach Bewertungsvariante 1.

4.6.3 Diskussion der Ansätze und Auswahl des Bewertungsansatzes

Aus der Erfahrung zahlreicher Bewertungsverfahren heraus betrachtet, scheint der Bewertungsansatz der Variante 1 (potentielle Trassenkapazität) von der wertmäßigen Höhe her keinesfalls überzogen; das Risiko, dass andere Teilindikatoren dadurch dominiert werden, ist als gering einzuschätzen. Ebenso ist festzustellen, dass der Bewertungsansatz einen relevanten Nutzenbeitrag liefern kann, der über der Geringfügigkeitsgrenze liegt.

---

[39] (ACKERMANN 1998), S. 264

Der zweite Bewertungsansatz – Variante 2 bzw. die Bewertung potentieller Betriebsqualitätsgewinne – wird hingegen in jedem Fall deutlich höhere Nutzenbeiträge liefern. Bei pauschalem Ansatz des theoretischen Betriebsqualitätspotentials sind auch bei kleinen Änderungen bereits große Wirkungen messbar. Da nicht jede gewonnene Fahrzeitminute auch in höhere Betriebsqualität umgesetzt kann, wäre methodisch für jeden einzelnen Untersuchungsfall die Auswertung einer strecken- und betriebsbezogenen Verspätungsstatistik zu fordern, um die Verbesserung der Betriebsqualität verlässlich zu quantifizieren.

Weil streckenbezogene Verspätungsstatistiken allein für den Istzustand eine große Hürde in der Datenbeschaffung darstellen, und eine Messung bzw. Simulation der Verspätungen im Planzustand den Aufwand der Datenerhebung unverhältnismäßig steigern würde, stellt sich der als Variante 1 bezeichnete Ansatz der Quantifizierung und Monetarisierung potentieller Kapazitätsgewinne als der praktikablere und letztendlich vorzugswürdig dar.

4.7 Vermiedene Fahrten unter Fahrdraht

Lücken im elektrifizierten Netz können dazu führen, dass Teilstrecken im Verlauf einer Zugfahrt trotz vorhandener Stromversorgung mit dieselgetriebenen Fahrzeugen befahren werden, um nicht-elektrifizierte Abschnitte durchfahren zu können. Grundsätzlich kommt hierbei einerseits eine durchgehende Dieseltraktion in Betracht, insbesondere beim Einsatz von Triebwagen, andererseits besteht im lokbespannten Verkehr die Möglichkeit zum Traktionswechsel in elektrifizierten Bahnhöfen. Dennoch wird in jedem Fall ein Teilstück verbleiben, das mit Dieselantrieb unter Fahrdraht zurückgelegt wird. Aus Sicht einer monetären Bewertung wird dabei einerseits eine kostenintensiv vorgehaltene Infrastruktur nicht optimal genutzt, und es werden andererseits klimarelevante Gase und übrige Luftschadstoffe dort emittiert, wo dies grundsätzlich vermeidbar wäre.

Wird nun eine solche Lücke im elektrifizierten Netz geschlossen oder ein Rest-Linienast elektrifiziert, so können dieselgetriebene Fahrten unter Fahrdraht entfallen.

Betroffene Fahrten des Nahverkehrs werden im Regelverfahren automatisch berücksichtigt. Zusätzlicher Nutzen, der im Regelverfahren der Standardisierten Bewertung außer Betracht bleibt, und der gesondert in die Bewertung der Elektrifizierung einbezogen werden kann, entsteht in diesem Zusammenhang durch die Möglichkeit, im Personenfernverkehr und im Güterverkehr über den gesamten zuvor mit Dieselantrieb zurückgelegten Laufweg auf elektrische Traktion umzustellen.

Sofern bei Realisierung des zu bewertenden Vorhabens mit hinreichender Wahrscheinlichkeit von dieser Möglichkeit Gebrauch gemacht werden wird, ergibt sich der relevante Nutzen durch eine Bewertung der Betriebsleistungen, die im Ohnefall mit Dieseltraktion auf elektrifizierten Teilstrecken und im Mitfall mit Elkektrotraktion auf denselben Teilstrecken erbracht werden.

Praktikabel ist es, die Bewertung dieser vermiedenen Fahrten unter Fahrdraht am Energiebedarf der Fahrzeuge im Ohne- und im Mitfall festzumachen. Dafür sind durchschnittliche Kostensätze für den Energiebedarf anzusetzen, der analog zum Rechenverfahren der Standardisierten Bewertung zu ermitteln ist. Daraus ergeben sich dann:

- Energiebezogene Betriebskosten der Diesel- und Elektrotraktion im Schienengüter- und -personenfernverkehr
- Bewertung der Emissionen des Schienengüter- und-personenfernverkehrs

Alle übrigen Betriebskosten, hierzu gehören u. a. Personalkosten und laufleistungsabhängige Unterhaltungskosten, treten vor der Entstehungsursache des Zusatznutzens – einer Reduktion der Emission von Luftschadstoffen – in den Hintergrund und können in diesem Zusammenhang näherungsweise als konstant angenommen werden.

Regelpersonenfernverkehrszug

Als Regelpersonenfernverkehrszüge auf nicht-elektrifizierten Teilstrecken werden lokbespannte Zusammenstellungen mit Reisezugwagen angenommen. Zur Ermittlung des Energiebedarfs kann auf das Rechenverfahren der Standardisierten Bewertung[40] zurückgegriffen werden, das traktionsabhängige Energiebedarfspauschalen vorsieht. Für zusätzliche Wagen werden dabei Aufschläge angesetzt.

---

[40] Standardisierte Bewertung (2006), Anhang 1, Tabelle 1-2

Vereinfachend werden für die Fernzüge die Energiebedarfswerte eines Doppelstock-nahverkehrszuges angenommen, um den höheren Energiebedarf eines Fernver-kehrszuges durch höheres Wagengewicht gegenüber einstöckigen Nahverkehrszü-gen, durchgängige Klimatisierung und längere Fahrplanhaltezeiten als im Nahver-kehr angemessen abzubilden. Die Behängung der Regelfernverkehrszüge wird ein-heitlich mit 8 Reisezugwagen unterstellt. Somit ergeben sich die in Tabelle 25 aufge-führten Energieverbrauchssätze.

Zug	Streckenbezogener Energiebedarf
Regelfernverkehrszug mit Dieseltraktion	3,6 l Diesel / Zug-km
Regelfernverkehrszug mit Elektrotraktion	12,6 kWh / Zug-km
	Stationshaltbezogener Energiebedarf
Regelfernverkehrszug mit Dieseltraktion	16,2 l Diesel / Stationshalt
Regelfernverkehrszug mit Elektrotraktion	55 kWh / Zug-Halt

Tabelle 25: Energiebedarfssätze für Regelpersonenfernverkehrszüge

Regelgüterzug

Für den Energiebedarf des Regelgüterzugs findet ebenfalls das Berechnungsverfah-ren der Standardisierten Bewertung Anwendung. Der Energiebedarf wird auf Grund-lage der Gesamtmasse des Regelgüterzugs ermittelt. Für den Regelgüterzug werden folgende Annahmen getroffen:

Masse der Lok: 80 t (Diesel- als auch Ellok)

Durchschnittliche Länge ohne Lok: ca. 400 m

Anzahl und Länge der Wagen: 29 Wagen á 13,86 m LÜP

Masse der Wagen: 29 Wagen á 12 t = 348 t

Diese Angaben beruhen auf dem UIC-Güterwagen für den kombinierten Verkehr.

Durchschnittliche Beladung:[41]   502 t

Aus diesen Annahmen resultiert mit 930 t eine durchschnittliche Masse des Regelgü-terzugs, die mit Erfahrungswerten sowohl für das Haupt- als auch das Nebennetz sehr gut in Einklang zu bringen ist.

---

[41] Entnommen aus (DB AG 2010), S. 5

Ist die maximale Achslast bzw. maximal zulässige Belastung der betrachteten Strecke allerdings niedriger als sich aus dem angenommenen Standardzug ergibt, so sind die Belastungen entsprechend zu korrigieren.

Mit der angenommenen Zugmasse von 930 t berechnen sich die Energiebedarfssätze des Regelgüterzugs wie in Tabelle 26 gezeigt. Dabei wird angenommen, dass der Energiebedarf des Regelgüterzugs dem eines Nahverkehrszugs mit 20 einstöckigen Wagen á 40 t entspricht. Weil Güterzüge in der Regel niedrigere Geschwindigkeiten als Personenzüge erreichen, wurde hierin ein entsprechender Abschlag berücksichtigt.

Zug	Streckenbezogener Energiebedarf
Regelgüterzug mit Dieseltraktion	5,2 l Diesel / Zug-km
Regelgüterzug mit Elektrotraktion	21,2 kWh / Zug-km
	Stationshaltbezogener Energiebedarf
Regelgüterzug mit Dieseltraktion	26,3 l Diesel / Stationshalt
Regelgüterzug mit Elektrotraktion	89,6 kWh / Zug-Halt

Tabelle 26: Energiebedarfssätze für Regelgüterzüge

4.8 Sonstige Zusatznutzen

4.8.1 Autarkiekosten

Die Vorhaltung einer dieselspezifischen Infrastruktur beinhaltet Kosten, die im Rahmen des Regelverfahrens der Standardisierten Bewertung nicht gesondert berechnet werden.

So ist beispielsweise der Betrieb einer eigenen Tankeinrichtung nicht als gesonderter Kostenfaktor erfasst. Vielmehr werden diese Kosten anteilig in den Betriebskosten berücksichtigt. Dies gilt umso mehr, wenn die Tankeinrichtung räumlich von der betrachteten Strecke getrennt ist.

Wird nun eine Strecke elektrifiziert bzw. der Dieselbetrieb in einem Verkehrsgebiet vollständig aufgegeben, und entfällt dadurch die Erfordernis, traktionsspezifische Infrastruktur vorzuhalten, so können als entfallende Autarkiekosten des Dieselbetriebs einerseits die vermiedenen Reinvestitionen für die Tankeinrichtung und andererseits die Betriebskosten entfallender gesonderter Tankstellenfahrten in Ansatz gebracht werden.

Die Auswirkungen durch die Vermeidung eines zweiten Fahrzeugpools (Dieselpool neben Elektropool) können durch vermiedene Reservehaltung erfasst werden. Dies ist jedoch abhängig von der Möglichkeit zur Poolbildung in einem bestimmten Verkehrsbereich.

4.8.2 Fahrkomfort

Unter dem Begriff Fahrkomfort wird ein Leistungselement der Beförderung verstanden, dem ein umso höheres Maß an Wohlbefinden des Fahrgastes folgt, je stärker es ausgeprägt ist. Der Fahrkomfort ist also stark von der subjektiven Wahrnehmung geprägt.

Für eine Quantifizierung des Fahrkomforts ist es bedeutend praktikabler, diesen an bestimmten, objektiv messbaren Merkmalen der Fahrt festzumachen, als die subjektiven Wirkungen zu ergründen. Hierfür kommen insbesondere Messungen der mechanischen Schwingungen (Vibrationen), des Fahrzeuginnengeräusches und der Dieselabgase im Innenraum in Frage.

Mechanische Schwingungen hängen von der in alle drei Achsenrichtungen zerlegten Beschleunigung, dem Ruck – das ist die zeitliche Änderung einer Beschleunigung – und der Schwingungsarbeit ab. Die wichtigsten Merkmale einer mechanischen Schwingung, die durch den Menschen wahrgenommen werden und auf ihn einwirken, sind ihre Amplitude und ihre Frequenz.

(Betzhold und Sperling 1956) beurteilen die Laufgüte von Schienenfahrzeugen, indem die wahrnehmbaren Schwingungen der Bandbreite möglicher Empfindungen auf einer Empfindlichkeitsskala zugeordnet werden. Durch spätere Erweiterungen wie z. B. Bewertungsfunktionen für Beschleunigungsamplituden und Frequenzen und weitere Verfahrensverfeinerungen z. B. zur Abbildung längerer Streckenabschnitte ergänzt, findet dieser Ansatz noch heute Anwendung.[42]

Analog stellen (Betzhold und Sperling 1956) für das Fahrzeuginnengeräusch objektiven Messwerten entsprechende subjektive Empfindungen gegenüber.

---

[42] Vgl. (Knothe und Stichel 2003), S. 142 und (Kortüm und Lugner 1994), S. 216

Das Merkblatt 513 "Richtlinien zur Bewertung des Schwingungskomforts des Reisenden in den Eisenbahnfahrzeugen" des Internationalen Eisenbahnverbandes (UIC) enthält Anleitungen zur Durchführung von Fahrversuchen und zur Beurteilung des Fahrkomforts.

Mit der DIN EN 12299 "Bahnanwendung: Fahrkomfort für Fahrgäste – Messung und Auswertung" liegt ein europaweit vereinheitlichtes Regelwerk zur Messung und Ermittlung von Komfortkennwerten vor. Eine umfassende Beurteilung ergibt sich aus der Anwendung darin beschriebenen Verfahren; fünf Komforbegriffe werden benannt:

- Mittlerer Fahrkomforts nach vereinfachtem Verfahren unter Berücksichtigung der Fußbodenschwingungen
- Mittlerer Fahrkomfort nach vollständigem Verfahren, sitzend und stehend
- Kontinuierlicher Komfort
- Komfort in Übergangsbögen
- Fahrkomfort bei diskreten Ereignissen

Empirische Befunde zum Fahrgastzuwachs durch erhöhten Fahrkomfort auf Grund der Umstellung der Traktion von Diesel- auf Elektrobetrieb sind bislang kaum bekannt. Im Zuge des Übergangs vom Straßenbahn- zum Stadtbahnbetrieb – wenngleich ohne Wechsel der Traktionsart – fanden (Meier, et al. 1991) deutliche Hinweise auf einen Zusammenhang zwischen dem Fahrkomfort und dem Verkehrsverhalten. Subjektive Befunde im Sinne qualitativer und tendenzieller Aussagen sind durchaus bekannt, eine objektiv nachvollziehbare Kausalität mit der Intensität der auftretenden komfortbeeinflussenden Phänomene ist jedoch bisher nicht hergestellt. Vor allem liegen in Bezug auf eine bewertungsrelevante Quantifizierung der Wirkungen unterschiedlicher Ausprägungen der Belästigung bisher keine Aussagen vor.

Aus diesen Gründen wird davon abgesehen, den Fahrkomfort in die Bewertung einzubeziehen.

5 Beispielrechnungen

5.1 Erläuterungen zu den Beispielrechnungen

Mit drei Beispielrechnungen wird gezeigt, wie sich die in den vorherigen Abschnitten ermittelten Kosten- und Wertansätze auf eine nach dem Regelverfahren (Version 2006) durchgeführte Bewertung auswirken. Für den Vergleich wurden gewählt:

- die Standardisierte Bewertung zur Elektrifizierung der Hochrheinstrecke zwischen Basel und Waldshut-Tiengen als Bestandteil der Regio-S-Bahn Basel aus dem Jahr 1994 (siehe Kapitel 5.2),

- die abschätzende Untersuchung der Zwischenstufe der Breisgau-S-Bahn auf Grundlage der Standardisierten Bewertung aus dem Jahr 2010 (siehe Kapitel 5.3)

- und als separates Beispiel eine Elektrifizierung der Brenzbahn, anhand derer der Zusatznutzen aufgezeigt wird, der durch die Realisierung einer zusätzlichen Umleitungsmöglichkeit für den Störungsfall auf einer Hauptstrecke erzielt werden kann (siehe Kapitel 5.4).

5.2 Elektrifizierung der Hochrhein-Strecke der Regio-S-Bahn Basel

5.2.1 Anpassung an den aktuellen Stand des Regelverfahrens

Da die Standardisierte Bewertung zur Elektrifizierung der Hochrheinstrecke zwischen Basel und Waldshut-Tiengen im Jahr 1994 auf dem damaligen Verfahrensstand beruht, waren die vorhandenen Daten in Vorbereitung der Beispielrechnung zunächst in den aktuellen Verfahrensstand zu überführen.

Die Infrastrukturinvestitionen wurden so angepasst, dass auch bei insgesamt geänderten Kosten- und Wertansätzen im Ergebnis derselbe Nutzen-Kosten-Indikator erzielt wird wie in der ursprünglichen Berechnung.

Dieses Vorgehen ist ausdrücklich keine Aktualisierung bzw. Fortschreibung der damaligen Untersuchung auf den aktuellen Verfahrensstand sondern eine nur zu Vergleichszwecken vorgenommene Anpassung.

5.2.2 Bewertung nach dem Regelverfahren

Mit den in Abschnitt 5.2.1 dargestellten Anpassungen ergeben sich die in Tabelle 27 ausgewiesenen Teilindikatoren und Bewertungsergebnisse.

	Nutzen in Tsd. Euro/Jahr
Reisezeitdifferenzen im ÖV	1.659
Saldo der Pkw-Betriebskosten	8.323
Kapitaldienst für die ortsfeste Infrastruktur des ÖV im Ohnefall	0
Saldo der ÖV-Gesamtkosten	-653
Saldo der Unfallschäden	1.498
Saldo der CO_2-Emisionen	2.235
Saldo der Emissionskosten für sonstige Schadstoffe	505
Saldo der Geräuschbelastung	0
Summe der monetär bewerteten Einzelnutzen-Salden	**13.566**
Kapitaldienst für die ortsfeste Infrastruktur des ÖV im Mitfall	5.700
Differenz der Nutzen und Kosten	**7.866**
Nutzen-Kosten-Verhältnis	2.38

Tabelle 27: Standardisierte Bewertung der Regio-S-Bahn (dem aktuellen Verfahrensstand angepasst)

Die Bewertung nach dem Regelverfahren weist einen Beurteilungsindikator E1 in Höhe von 2,38 aus. Die dabei realisierbaren, monetär bewerteten Nutzen erreichen 13,566 Mio. Euro/Jahr.

5.2.3 Bewertung der Elektrifizierung

Unter Ansatz der in Kapitel 0 erarbeiteten zusätzlichen bzw. geänderten Berechnung der Teilindikatoren zeigt die Elektrifizierung der Regio-S-Bahn Basel (Hochrheinstrecke) die in Tabelle 28 dargestellten Teilindikatoren und Beurteilungsindikatoren.

	Nutzen in Tsd. Euro/Jahr
Reisezeitdifferenzen im ÖV	1.659
Saldo der Pkw-Betriebskosten	8.323
Kapitaldienst für die ortsfeste Infrastruktur des ÖV im Ohnefall	0
Saldo der ÖV-Gesamtkosten	937
Saldo der Fahrwegkapazitäten	252
Saldo der Unfallschäden	1.498
Saldo der CO_2-Emisionen	2.584
Saldo der Emissionskosten für sonstige Schadstoffe	959
Saldo der Geräuschbelastung	22
Summe der monetär bewerteten Einzelnutzen-Salden	**16.234**
Kapitaldienst für die ortsfeste Infrastruktur des ÖV im Mitfall	5.700
Differenz der Nutzen und Kosten	**10.534**
Nutzen-Kosten-Verhältnis	2,85

Tabelle 28: Beispielrechnung zur Bewertung der Elektrifizierung der Regio-S-Bahn

Einschließlich der Bewertungsansätze nach dem ergänzenden Verfahren zur Beurteilung der Elektrifizierung erreicht die Maßnahme einen Bewertungsindikator E1-e in Höhe von 2,85.

5.2.4 Vergleich der Bewertungsergebnisse

Hochrheinstrecke	Standardisierte Bewertung	Bewertung der Elektrifizierung
Nutzen	13.566	16.234
Kosten	5.700	5.700
Nutzen-Kosten-Indikator	2,38	2,85

Tabelle 29: Vergleich der Bewertungsergebnisse für die Regio-S-Bahn

Im Gesamtergebnis zeigt sich, dass bei gleichbleibenden Kosten der Nutzen der Elektrifizierung gegenüber dem Regelverfahren um 2,7 Mio. Euro/Jahr auf 16,2 Mio. Euro/ Jahr (siehe Tabelle 29). Dies entspricht einer Steigerung der Nutzen um 19,7 %.

Im Detail zeigen sich die in Tabelle 30 aufgezeigten Einzelveränderungen.

Bewertung in Tsd. Euro / Jahr	Regelverfahren	Bewertung der Elektrifizierung	Differenz
1. Saldo Reisezeitdifferenzen	**1.659**	**1.659**	**0**
- aus NKU (Regelverfahren) - aus Umleitungspotenzial	1.659	1.659 0	0 0
2. Saldo der ÖV-Gesamtkosten	**-653**	**937**	**1.590**
- Energiekosten Linenverkehr - Energiekosten Tankstellenfahrten - Energiekosten vermiederner Fahrten unter Fahrdraht - laufleistungsabhängige Unterhaltungskosten bei Tankstellenfahrten	2.154	3.506 10 224 4	1.352 10 224 4
3. Saldo Fahrwegkapazität		**252**	**252**
4. Saldo der CO$_2$-Emissionen und Schadstoffemissionen	**2.740**	**3.543**	**803**
- Emissionen im Linienverkehr - Emissionen bei Tankstellenfahrten - Emissionen bei vermiedenen Fahrten unter Fahrdraht	966	1.259 6 504	293 6 504
5. Saldo der Geräuschbelastung aus Elektrifizierung	**0**	**22**	**22**
Nutzen	13.566	16.234	2.668
Kosten	5.700	5.700	0
Differenz der Nutzen und Kosten	**7.866**	**10.534**	**2.668**

Tabelle 30: Bewertungsergebnisse für die Regio-S-Bahn im Detail

Der größte Anteil dieser Steigerung ist innerhalb der ÖV-Gesamtkosten zu finden: Durch die geänderten Kostensätze für elektrische Energie und Dieselkraftstoff fällt die Bewertung der Energiekosten um 1,4 Mio. Euro/Jahr niedriger aus.

Auf die Bewertung der Emissionen im Linienverkehr mit Schienenfahrzeugen und Bussen entfallen 0,293 Mio. Euro/Jahr Nutzensteigerung. Hier wirken sich sowohl die geänderten Emissionsraten als auch die geänderten Wertansätze für Luftschadstoffe aus.

Der Nutzen vermiedener Emissionen durch eine Vermeidung von Fahrten unter Fahrdraht beläuft sich auf 0,504 Mio. Euro/Jahr, die im gleichen Zuge vermiedenen Energiekosten betragen 0,224 Mio. Euro/Jahr.

Die übrigen Nutzenkomponenenten können keine nennenswerten Beiträge zum Gesamtergebnis liefern.

Unverändert zum Regelverfahren bleibt die Bewertung der Reisezeitdifferenzen, der Unfallschäden, der Pkw-Betriebskosten und der Emissionen des MIV.

5.3 Zwischenstufe der Breisgau-S-Bahn

5.3.1 Maßnahmenbeschreibung

In Ergänzung zur Standardisierten Bewertung der Breisgau-S-Bahn aus dem Jahr 2010 wurden ergänzende Berechnungen durchgeführt, die die Wirtschaftlichkeit einer möglichen Zwischenstufe ausloten.

Das Gesamtprojekt Breisgau-S-Bahn sieht vor, die dieselbetriebenen Strecken der Breisacher Bahn, der Kaiserstuhlbahn, der Münstertalbahn und der Elztalbahn sowie den Streckenabschnitt der Höllentalbahn zwischen Neustadt und Donaueschingen zu elektrifizieren. Dabei sollen die einzelnen, gegenwärtig überwiegend von Freiburg aus betriebenen Strecken in einem streckenübergreifenden S-Bahn-Netz miteinander verknüft werden.

Wesentliches Merkmal der untersuchten Zwischenstufe ist, dass der Ausbau der Rheintalbahn als noch nicht erfolgt unterstellt wird. Damit sind in der Zwischenstufe (neben dem Aus- und Neubau der Stationen) vor allem die Elektrifizierungsmaßnahmen Gegenstand der Untersuchung.

5.3.2 Bewertung nach dem Regelverfahren

Die monetäre Bewertung nach dem Regelverfahren ist in Tabelle 31 wiedergegeben.

Die Elektrifzierungsmaßnahmen erzielen nach dem Regelverfahren einen Beurteilungsindikator von 1,86. Die ermittelten Nutzen betragen 18,57 Mio. Euro pro Jahr.

	Nutzen in Tsd. Euro/Jahr
Reisezeitdifferenzen im ÖV	5.136
Saldo der Pkw-Betriebskosten	12.982
Kapitaldienst für die ortsfeste Infrastruktur des ÖV im Ohnefall	0
Saldo der ÖV-Gesamtkosten	-2.426
Saldo der Unfallschäden	2.333
Saldo der CO_2-Emisionen	-574
Saldo der Emissionskosten für sonstige Schadstoffe	1.120
Saldo der Geräuschbelastung	0
Summe der monetär bewerteten Einzelnutzen-Salden	**18.571**
Kapitaldienst für die ortsfeste Infrastruktur des ÖV im Mitfall	9.987
Differenz der Nutzen und Kosten	**8.584**
Nutzen-Kosten-Verhältnis	1,86

Tabelle 31: Standardisierte Bewertung der Zwischenstufe der Breisgau-S-Bahn

5.3.3 Bewertung der Elektrifizierung

Tabelle 32 zeigt die monetäre Bewertung der Zwischenstufe der Breisgau-S-Bahn nach dem vorgeschlagenen Bewertungsverfahren für die Elektrifizierung.

Der monetär bewertete Nutzen steigt unter Berücksichtigung der zusätzlichen bzw. veränderten Teilindikatoren auf 23,12 Mio. Euro/Jahr. Dies entspricht einer Zunahme um 24,5 %. Der Beurteilungsindikator E1-e wird mit 2,32 ausgewiesen.

	Nutzen in Tsd. Euro/Jahr
Reisezeitdifferenzen im ÖV	5.136
Saldo der Pkw-Betriebskosten	12.982
Kapitaldienst für die ortsfeste Infrastruktur des ÖV im Ohnefall	0
Saldo der ÖV-Gesamtkosten	740
Saldo der Fahrwegkapazitäten	53
Saldo der Unfallschäden	2.333
Saldo der CO_2-Emisionen	136
Saldo der Emissionskosten für sonstige Schadstoffe	1.742
Saldo der Geräuschbelastung	2
Summe der monetär bewerteten Einzelnutzen-Salden	**23.124**
Kapitaldienst für die ortsfeste Infrastruktur des ÖV im Mitfall	9.987
Differenz der Nutzen und Kosten	**13.137**
Nutzen-Kosten-Verhältnis	2,32

Tabelle 32: Beispielrechnung zur Bewertung der Elektrifizierung der Breisgau-S-Bahn

5.3.4 Vergleich der Bewertungsergebnisse

Breisgau-S-Bahn (Zwischenstufe)	Standardisierte Bewertung	Bewertung der Elektrifizierung
Nutzen	18.571	23.124
Kosten	9.987	9.987
Nutzen-Kosten-Indikator	1,86	2,32

Tabelle 33: Vergleich der Bewertungsergebnisse für die Zwischenstufe der Breisgau-S-Bahn

Bei gleichbleibenden Kosten steigen die Nutzen der Elektrifizierung gegenüber dem Regelverfahren um 4,5 Mio. Euro/Jahr auf 23,1 Mio. Euro/Jahr.

Der größte Anteil dieser Steigerung ist die Veränderung der ÖV-Gesamtkosten zurückzuführen. Durch die geänderten Kostensätze für elektrische Energie und Dieselkraftstoff fallen die Energiekosten um 3 Mio. Euro/Jahr niedriger aus. Auf die Bewertung der Emissionen im Linienverkehr mit Schienenfahrzeugen und Bussen entfallen 1,1 Mio. Euro/Jahr Nutzensteigerung. Hier wirken sich sowohl die geänderten Emissionsraten als auch die geänderten Wertansätze für Luftschadstoffe aus. Der bewertete Nutzen vermiedener Emissionen durch eine Vermeidung von Fahrten unter Fahrdraht beläuft sich auf 0,200 Mio. Euro/Jahr, die im gleichen Zuge vermiedenen Energiekosten betragen 0,085 Mio. Euro/Jahr. Die weiteren Nutzenkomponenten können keine nennenswerten Beiträge zum Gesamtergebnis liefern. Unverändert zum Regelverfahren bleibt die Bewertung der Reisezeitdifferenzen, der Unfallschäden, der Pkw-Betriebskosten und der Emissionen des MIV (Detailergebnisse siehe Tabelle 34).

Bewertung in Tsd. Euro/Jahr	Regelverfahren	Bewertung der Elektrifizierung	Differenz
1. Saldo Reisezeitdifferenzen	**5.136**	**5.136**	**0**
- aus NKU (Regelverfahren) - aus Umleitungspotenzial	5.136	5.136 0	0 0
2. Saldo der ÖV-Gesamtkosten	**-2.426**	**740**	**3.166**
- Energiekosten Linenverkehr - Energiekosten Tankstellenfahrten - Energiekosten vermiederner Fahrten unter Fahrdraht - laufleistungsabhängige Unterhaltungskosten bei Tankstellenfahrten	3.512	6.546 29 -85 18	3.034 29 -85 18
3. Saldo Fahrwegkapazität		**53**	**53**
4. Saldo der CO2-Emissionen und Schadstoffemissionen	**546**	**1.878**	**1.332**
- Emissionen im Linienverkehr - Emissionen bei Tankstellenfahrten - Emissionen bei vermiedenen Fahrten unter Fahrdraht	-2.175	-1.063 0 18	1.113 0 18
5. Saldo der Geräuschbelastung aus Elektrifizierung	**0**	**2**	**2**
Nutzen	18.571	23.124	4.553
Kosten	9.987	9.987	0
Differenz der Nutzen und Kosten	**8.584**	**13.137**	**4.553**

Tabelle 34: Vergleich der Bewertungsergebnisse für die Zwischenstufe der Breisgau-S-Bahn im Detail

5.4 Nutzung der Brenzbahn als Umleitungsstrecke

Das Szenario „Brenzbahn als Umleitungsstrecke" geht von einem Störfall auf der elektrifizierten Hauptstrecke Stuttgart – Augsburg aus. Angenommen wird eine Störung mit Sperrung beider Streckengleise für einen absehbaren Zeitraum von ca. zwei Stunden (Erfahrungswert der Dauer der Streckensperrung infolge eines Personenunfalls). Eine Umleitung ist dann in Betracht zu ziehen, wenn die Dauer der Reisezeit via Umleitungsstrecke kürzer ist als die Summe aus Standzeit und Reisezeit der normal genutzten Strecke (siehe Kapitel 4.5).

Angenommen wird in diesem Szenario ein Störfall zwischen Plochingen und Ulm an einem Werktag in der morgendlichen Hauptverkehrszeit zwischen 8 Uhr und 10 Uhr.

Im Folgenden werden drei verschiedene Fälle betrachtet (siehe auch Abbildung 19).

- Der **Ohnefall** geht von der nicht elektrifizierten Brenzbahn aus. Die Umleitung erfolgt via Aalen – Donauwörth über Rems- und Riesbahn, also von der Nutzung der elektrifizierten Strecken.
- Der **Ohnefall alternativ** zeigt den Reisezeitbedarf einer Umleitung über die nicht elektrifizierte Brenzbahn, so wie er auch heute theoretisch möglich ist.
- Der **Mitfall** zeigt die Umleitungsmöglichkeit über eine elektrifizierte Brenzbahn.

Die Züge des Personenfernverkehrs, die auf ihrer Fahrt von Stuttgart nach Ulm den Streckenabschnitt zwischen Plochingen und Ulm befahren, werden umgeleitet.

Im Ohnefall fahren die betroffen Fernverkehrszüge ab Bad Cannstatt über die Remsbahn nach Aalen, von dort weiter über die Riesbahn über Nördlingen und Donauwörth nach Augsburg, wo wieder auf die planmäßige Strecke eingefädelt wird. Für die gegenläufige Fahrtrichtung Augsburg – Stuttgart gilt die umgekehrte Fahrtrichtung.

Diese weiträumige Umleitung wird genutzt, weil die befahrenen Strecken elektrifiziert sind und daher kein Triebfahrzeugwechsel notwendig ist. Der Halt in Ulm entfällt.

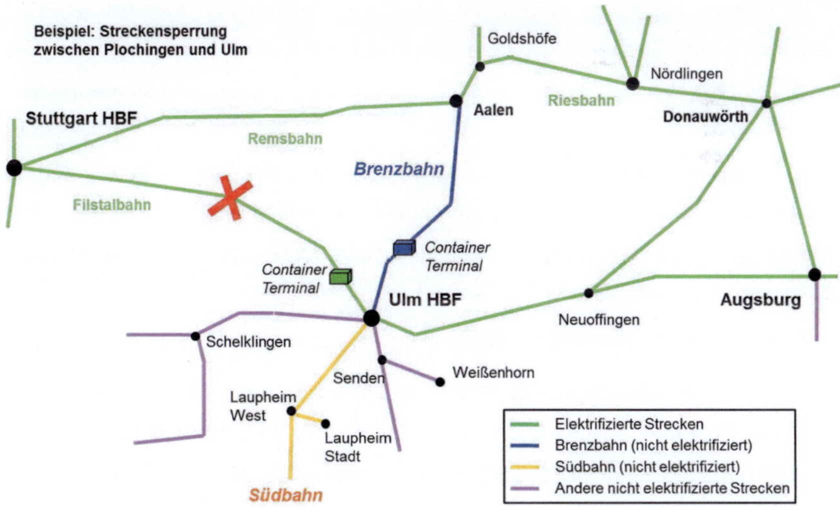

Abbildung 19: Übersichtskarte Stuttgart – Augsburg

In der Hauptverkehrszeit sind acht Fernverkehrszüge, zwei ICE und zwei IC je Richtung, betroffen. Die Dauer der Reisezeit über die Umleitungsstrecke Stuttgart – Aalen – Donauwörth – Augsburg beträgt ca. 151 Minuten, die sich aus folgenden Reisezeiten zusammensetzen: Stuttgart – Aalen 48 Minuten Fahrzeit für einen IC, Aalen – Donauwörth laut Fahrplan schnellst mögliche Fahrzeit 70 Minuten, Donauwörth – Augsburg 18 Minuten. Dazu kommen 15 Minuten Zuschlag für Betriebshalte in Aalen, Nördlingen und Donauwörth.

Im Ohnefall alternativ befahren die Fernverkehrszüge ebenfalls ab Bad Cannstatt die Remsbahn, benutzen ab Aalen nach einem Fahrtrichtungs- und Traktionswechsel die nicht elektrifizierte Brenzbahn, bedienen den Halt Ulm und fahren nach einem weiteren Traktionswechsel auf dem Regelweg weiter nach Augsburg. Zeitlich bedeutet das insgesamt eine Reisezeit von ca. 159 Minuten, die sich zusammensetzt aus den 48 Minuten Fahrtzeit Stuttgart – Aalen, desweiteren 47 Minuten für die Strecke Aalen – Ulm, was der Fahrtzeit eines IRE entspricht sowie 44 Minuten Regelfahrtzeit für den Abschnitt Ulm – Augsburg. Dazu kommen je 10 Minuten Zuschlag für den Traktions- und Fahrtrichtungswechsel in Aalen und den Traktionswechsel in Ulm. Für dieses Beispiel wird die Verfügbarkeit von Dieselfahrzeugen und Triebfahrzeugführern vorausgesetzt.

Im Mitfall wird von einer elektrifizierten Brenzbahn Aalen – Ulm ausgegangen. Die Reisezeit beträgt nun insgesamt 144 Minuten, die sich wie folgt zusammensetzen: Stuttgart – Aalen 48 Minuten, Aalen – Ulm 42 Minuten und Ulm Augsburg 44 Minuten. Die Reisezeit Aalen – Ulm verkürzt sich auf Grund der Elektrifizierung gegenüber dem nicht elektrifizierten Zustand um 5 Minuten, erklärt durch den Einsatz stärker motorisierter und spurtstärkerer elektrischer Triebfahrzeuge. Der angenommene Wert liegt am oberen Eckwert der Fahrzeit und kann ggf. noch verringert werden (Beispielrechnung auf der sicheren Seite).

Die Reisezeiten der betroffenen Züge sind den nachfolgenden Tabellen dargestellt, dabei werden folgende Abkürzungen verwendet: A: Augsburg, (d): nicht elektrifiziert, (e): elektrifiziert, D: Donauwörth, GGR: Gegenrichtung, MF: Mitfall, OF: Ohnefall, S: Stuttgart, U: Ulm.

Betroffene Fernzüge	Standzeit am letzten Halt vor Störung (S bzw. U)	Planfahrzeit Regelweg S - U - A (bzw. GGR)	Standzeit + Planfahrzeit S - U - A (bzw. GGR)	Reisezeit im OF bei Umleitung via D	Standzeit + Planfahrzeit > Reisezeit Umleitung	Gesparte Reisezeit bei Umleitung
ICE 511	108 min (8:12-10:00)	101 min (8:12-9:53)	209 min	151 min	X	58 min
IC 1219	93 min (8:27-10:00)	60 min (S-U*)	153 min (S-U*)	201 min*	-	-
IC 361	67 min (8:53-10:00)	104 min (8:53-10:37)	171 min	151 min	X	20 min
ICE 591	48 min (9:12-10:00)	101 min (9:12-10:53)	149 min	151 min	-	-
IC 2266	115 min (8:05-10:00)	106 min (7:21-9:07)	221 min	201 min**	X	20 min
ICE 612	69 min (8:51-10:00)	102 min (8:03-9:47)	171 min	151 min	X	20 min
IC 1296	55 min (9:05-10:00)	104 min (8:17-10:01)	159 min	151 min	X	8 min
ICE 690	9 min (9:51-10:00)	101 min (9:03-10:47)	110 min	151 min	-	-
					Summe	126 min

Tabelle 35: Umleitung im Ohnefall

* Zug fährt ab Ulm auf Südbahn, Ziel Landeck. +50 Minuten Reisezeit Augsburg – Ulm

** Zug steht in Ulm, muss zurück via Augsburg nach Donauwörth auf Umleitungsstrecke

Betroffene Fernzüge	Standzeit am letzten Halt vor Störung (S bzw. U)	Planfahrzeit Regelweg S - U - A (bzw. GGR)	Standzeit + Planfahrzeit S - U - A (bzw. GGR)	Reisezeit im OF bei Umleitung via Brenzbahn (d)	Standzeit + Planfahrzeit > Reisezeit Umleitung	Gesparte Reisezeit bei Umleitung
ICE 511	108 min (8:12-10:00)	101 min (8:12-9:53)	209 min	159 min	X	40 min
IC 1219	93 min (8:27-10:00)	60 min (S-U*)	153 min (S-U*)	159 min	-	-
IC 361	67 min (8:53-10:00)	104 min (8:53-10:37)	171 min	159 min	X	22 min
ICE 591	48 min (9:12-10:00)	101 min (9:12-10:53)	149 min	159 min	-	-
IC 2266	115 min (8:05-10:00)	62 min (8:05-9:07**)	177 min	159 min	X	18 min
ICE 612	69 min (8:51-10:00)	102 min (8:03-9:47)	171 min	159 min	X	22 min
IC 1296	55 min (9:05-10:00)	104 min (8:17-10:01)	159 min	159 min	-	-
ICE 690	9 min (9:51-10:00)	101 min (9:03-10:47)	110 min	159 min	-	-
					Summe	102 min

Tabelle 36: Umleitung im Ohnefall alternativ

* Zug fährt ab Ulm auf Südbahn, Ziel Landeck
** Reisezeit Ulm - Stuttgart

Betroffene Fernzüge	Standzeit am letzten Halt vor Störung (S bzw. U)	Planfahrzeit Regelweg S - U - A (bzw. GGR)	Standzeit + Planfahrzeit S - U - A (bzw. GGR)	Reisezeit im MF bei Umleitung via Brenzbahn (e)	Standzeit + Planfahrzeit > Reisezeit Umleitung	Gesparte Reisezeit bei Umleitung
ICE 511	108 min (8:12-10:00)	101 min (8:12-9:53)	209 min	144 min	X	65 min
IC 1219	93 min (8:27-10:00)	60 min (S-U*)	153 min (S-U*)	144 min	X	9 min
IC 361	67 min (8:53-10:00)	104 min (8:53-10:37)	171 min	144 min	X	27 min
ICE 591	48 min (9:12-10:00)	101 min (9:12-10:53)	149 min	144 min	X	5 min
IC 2266	115 min (8:05-10:00)	62 min (8:05-9:07**)	177 min	144 min	X	33 min
ICE 612	69 min (8:51-10:00)	102 min (8:03-9:47)	171 min	144 min	X	27 min
IC 1296	55 min (9:05-10:00)	104 min (8:17-10:01)	159 min	144 min	X	15 min
ICE 690	9 min (9:51-10:00)	101 min (9:03-10:47)	110 min	144 min	-	-
					Summe	**181 min**

Tabelle 37: Umleitung im Mitfall

* Zug fährt ab Ulm auf Südbahn, Ziel Landeck
** Reisezeit Ulm - Stuttgart

Das in den Tabellen farblich hervorgehobene Beispiel des ICE 511 zeigt eine Reisezeit von 151 Minuten für den Ohnefall, 159 Minuten für den Ohnefall alternativ und 144 Minuten im Mitfall. Dies bedeutet eine Reisezeiterparnis bis zu 65 Minuten im Vergleich zur Alternative den Zug erst nach Störungsende weiterzufahren.

Für die Bewertung kann damit unter Beachtung der Sitzplätze des Zuges und des Besetzungsgrades sowie der durchfahrenden Reisenden die Summe der gesparten Reisezeiten berechnet werden (siehe Tabelle 38).

Zug	Zugtyp	Sitzplätze (Besetzungsgrad 50%)	Durchfahrende Reisende (50%)	Gesparte Reisezeiten Uml. im OF	Gesparte Reisezeiten Uml. im OF alternativ	Gesparte Reisezeiten Uml. im MF	Anzahl Störungen p. a	Summe gesparte Reisezeiten im OF	Summe gesparte Reisezeiten im OF alternativ	Summe gesparte Reisezeiten im MF
ICE 511	ICE 3	230	115	58 min	40 min	65 min	1	6670 min	4600 min	7475 min
IC 1219	IC	210	105	-	-	9 min	1			945 min
IC 361	IC	270	135	20 min	22 min	27 min	1	2700 min	2970 min	3645 min
ICE 591	ICE 1	365	183	-	-	5 min	1			915 min
IC 2266	IC	275	138	20 min	18 min	33 min	1	2760 min	2484 min	4554 min
ICE 612	2x ICE 3	460	230	20 min	22 min	27 min	1	4600 min	5060 min	6210 min
IC 1296	IC	195	98	8 min	-	15 min	1	784 min		1470 min
ICE 690	ICE 1	365	183	-	-	-	1			
Summen		2.370	1.187					17.514 min	15.114 min	25.214 min

Tabelle 38: Gesparte Reisezeiten im Ohne- und Mitfall

Für Besetzungsgrad sowie durchfahrende Reisende wurden hier jeweils Ansätze in Höhe von 50 % gewählt, die Anzahl der Störfälle exemplarisch auf einen p.a. gesetzt. Diese drei Werte sind für jede betrachtete Strecke anzupassen.

Wie Tabelle 38 zeigt, liefert eine Umleitung über die nicht elektrifizierte Brenzbahn die schlechtesten Werte, was vor allem den notwendigen längeren Halten für Triebfahrzeugwechsel geschuldet ist.

Eine elektrifizierte Brenzbahn würde mit rd. 7.700 Minuten eingesparter Reisezeit deutliche Vorteile gegenüber dem Ohnefall bieten.

Der ermittelte Saldo der gesparten Reisezeiten von Umleitung im Mitfall und Umleitung im Ohnefall wird über den Stundensatz der Standardisierten Bewertung für Reisezeiten monetarisiert. Im Beispiel ergeben sich bei 7.700 Minuten rd. 963 € zusätzliche Nutzen je Störfall.

Für die aufrechterhaltenen Verbindungen ergibt sich ein Saldo von 3.259 Minuten, der über den Anteil der Aus- und Einsteiger beim Halt in Ulm berechnet wird. In diesem Beispiel sind 20 % der besetzen Sitzplätze für diese Reisenden angenommen. Monetarisiert mit dem Ansatz für Reisezeiten (Standardisierte Bewertung Version 2006) ergeben sich zusätzliche Nutzen in Höhe von 407 € pro Störfall.

Insgesamt zeigt dieses Beispiel einer elektrifizierten Brenzbahn, dass der in der Standardisierten Bewertung nicht berücksichtigte Aspekt der Schaffung neuer Umleitungsmöglichkeit einen Zusatznutzen bedeutet, der bei der Bewertung zukünftiger Elektrifizierungsmaßnahmen einbezogen werden kann. Allerdings sind die Effekte vergleichsweise bescheiden und betragen für die Beispielstrecke bei 10 Störfällen im Jahr rd. 13,7 T€/a.

5.5 Gewonnene Erkenntnisse

Da für die Elektrifizierung der Brenzbahn keine Bewertung nach dem Regelverfahren vorliegt, konzentrieren sich die nachfolgenden Ausführungen auf die Elektrifizierungsmaßnahmen im Rahmen der Regio-S-Bahn Basel und der Breisgau-S-Bahn.

Bei beiden Maßnahmen zeigt sich im Ergebnis eine deutliche Nutzensteigerung und eine Verbesserung des Beurteilungsindikators. Diese beträgt beim Beurteilungsindikator

- bei der Regio-S-Bahn (Hochrheinstrecke) eine Zunahme von 2,38 auf 2,85 sowie

- bei der Breisgau-S-Bahn (Zwischenstufe) eine Zunahme von 1,86 auf 2,32.

Die Steigerung der Nutzen beträgt

- bei der Regio-S-Bahn 19,7 %,
- bei der Breisgau-S-Bahn 24,5 %.

Aus den gezeigten Beispielrechnungen und dem Vergleich mit den Teilergebnissen des Regelverfahrens wird deutlich, dass die Anpassung der Energiekostensätze an zukünftige Gegebenheiten die weitaus größten Veränderungen an dem ausgewiesenen Nutzen der Elektrifizierung bewirkt. Hinzu kommen die zusätzlichen Nutzen, die sich aus Änderungen im Mengengerüst der Emissionen und ihrer Bewertung ergeben. Diese genannten Zusatznutzen der Elektrifizierung stehen in direktem Zusammenhang mit den Betriebsleistungen dieselbetriebener Fahrzeuge im Ohnefall und Fahrzeuge mit Elektrotraktion im Mitfall.

Der Anteil der Energiekostenveränderung im Linienverkehr an der Nutzensteigerung der zusätzlichen Bewertung der Elektrifizierung beträgt

- bei der Regio-S-Bahn 50,7 %,
- bei der Breisgau-S-Bahn 69,7 %.

Der Anteil der Nutzen aus der Bewertung der Emissionen aus dem Linienverkehr beträgt

- bei der Regio-S-Bahn 11,0 % und
- bei der Breisgau-S-Bahn 25,6 %.

Beide Teilindikatoren zusammen tragen damit zu 61,7 bzw. 96,3 % der Nutzensteigerung bei.

Im Beispiel der Hochrheinstrecke trägt die Verbesserung der Kapazitätssituation durch die Elektrifizierung noch 9,5 % der Nutzensteigerung sowie die Vermeidung von Fahrten unter Fahrdraht 18,9 % der Nutzensteigerung. Beide Komponenten sind bei der Breisgau-S-Bahn mit 1,2 bzw. 0,4 % zu vernachlässigen.

Um die Herkunft der Nutzensteigerungen, die einer Elektrifizierung zuzuschreiben sind, zu verdeutlichen, sind in Tabelle 39 für eine beispielhafte Zugfahrt die unter Berücksichtigung von Fahrtstrecke und Stationshalten resultierenden, durchschnittlichen streckenbezogenen Bewertungssätze angegeben.[43]

Bewertungssätze für eine exemplarische Zugfahrt in €/km	Standardisierte Bewertung	Bewertung der Elektrifizierung	Änderung
Dieseltraktion			
Energiebedarf	4,16	6,37	+ 53 %
CO_2-Emissionen	3,15	3,04	- 4 %
Emissionen sonstiger Schadstoffe	0,50	0,81	+ 64 %
Elektrotraktion			
Energiebedarf	1,14	1,51	+ 33 %
CO_2-Emissionen	2,02	1,85	- 8 %
Emissionen sonstiger Schadstoffe	0,04	0,06	+ 30 %

Tabelle 39: Streckenbezogene Bewertungssätze für eine exemplarische Zugfahrt

Deutlich wird, dass die Kosten des Energieeinsatzes künftig bzw. im Rahmen der Bewertung der Elektrifizierung sowohl für den Diesel- als auch den Elektroantrieb höher anzusetzen sind als im Regelverfahren der Standardisierten Bewertung. Die prozentuale Änderung der Energiekosten für den elektrischen Antrieb fällt niedriger aus als der Aufschlag auf die Energiekosten der Dieseltraktion. Analog gilt dies für die Bewertung der Schadstoffemissionen.

Die in den vorangehenden Abschnitten aufgeführten Beispiele zeigen, dass die lokale Situation für eine Dieselstrecke sowie das örtliche Bedienungsangebot ausschlaggebend für den Ansatz der zusätzlichen Teilindikatoren und deren Wirkungen sind. Gerade diese lokalen Einflüsse verhindern die Ausweisung generalisierender Ansätze, die eine vereinfachende (überschlägige) Ermittlung der Zusatznutzen ermöglichen würde.

---

[43] Beispielhafter Fahrzeugumlauf einer Regionalbahn: 145 km, 42 Halte. Lokbespannter Zug mit einstöckigen Personenwagen.

Der eindeutige Zusammenhang der zusätzlichen Nutzen mit der Höhe der Betriebsleistungen, die von Diesel- auf elektrischen Betrieb umgestellt werden können, ermöglicht jedoch eine grobe Abschätzung welche zusätzlichen Nutzenpotenziale durch die ergänzende Bewertung erschlossen werden können. Dies wird im folgenden Kapitel aufgezeigt.

6 Auswirkungen der ergänzenden Bewertung

Die in Kapitel 5 dargestellten Beispielrechnungen zeigen, dass mit der ergänzenden Bewertung zum Regelverfahren bei Elektrifizierungsmaßnahmen zusätzliche Nutzen nachgewiesen werden können. Diese sind geeignet, ein vorliegendes Bewertungsergebnis nach dem Regelverfahren der Standardisierten Bewertung zu verbessern. Gleichzeitig zeigt sich, dass diese zusätzlichen Nutzen nur eine ergänzende Komponente zur Bewertung nach dem Regelverfahren sein können. Die wesentlichen Nutzenkomponenten – vor allem die Nutzen aus verkehrlichen Wirkungen – sind bereits im Regelverfahren erfasst und bilden die eigentliche Grundlage des Bewertungsergebnisses.

Kapitel 5 verdeutlicht den direkten Zusammenhang bei Umstellung auf elektrischen Betrieb, den daraus resultierenden zusätzlichen Nutzen aus der Energiekostenentwicklung und der Bewertung der Emissionen. Aufbauend auf diesen Ergebnissen ist abzuleiten, dass mit der ‚auf elektrischen Betrieb umstellbaren Betriebsleistung' ein Indikator für das durch die ergänzende Bewertung erschließbare Nutzenpotenzial vorliegt.

Dieser Zusammenhang wird in der nachfolgenden Tabelle 40 dargestellt, indem für die Dieselstrecken in Baden-Württemberg mittels der unterlegten Betriebsleistungen im Nah- und Regionalverkehr die rechnerischen Ergebnisse ausgewiesen werden, die auf der jeweiligen Bahnstrecke bei einer Umstellung auf elektrischen Betrieb erreicht werden können. Grundlage für die Berechnungen sind die in Abschnitt 2.2 ausgewiesenen Angaben für die einzelnen Strecken. Bei der zu Grunde gelegten gewichteten Betriebsleistung sind die nur abschnittsweise vorhandenen Bedienungsangebote berücksichtigt. Aus dieser Betriebsleistung (= Länge des Streckenabschnitts * Bedienungshäufigkeit im Nah-/Regionalverkehr auf diesem Abschnitt) ergibt sich direkt das erschließbare Nutzenpotenzial. Eine detailliertere Ausweisung der potenziellen Nutzen ist dabei auf Grund der lokal sehr unterschiedlichen Angebotsformen (Fahrzeugart, Behängung usw.) nicht möglich (vgl. Kapitel 5.5).

Mit dieser Vorgehensweise wird allerdings naturgemäß für lange Strecken ein höheres Nutzenpotenzial ausgewiesen als für kurze Strecken mit dem gleichen Bedienungsangebot, da auf den kurzen Strecken eine vergleichbare „umstellbare" Betriebsleistung nicht erreicht werden kann. Dabei steht dieser Nutzenerwartung –

ebenso selbstverständlich – ein entsprechend höherer bewertungsrelevanter Kapitaldienst für die Elektrifizierung gegenüber. Dieser wird jedoch bereits im Regelverfahren erfasst und ausgewiesen.

Die in der nachfolgenden Tabelle ausgewiesenen möglichen Nutzenpotenziale sind damit nicht für eine Priorisierung der Umstellung der einzelnen Dieselstrecken geeignet. Hierzu sind die aus den Berechnungen des Regelverfahrens zu ermittelnden verkehrlichen Wirkungen im Vergleich zu den erforderlichen Investitionsaufwendungen ausschlaggebend. Aus den potenziellen zusätzlichen Wirkungen aus der ergänzenden Bewertung können allerdings Hinweise für eine Verbesserung eines Bewertungsergebnisses aus dem Regelverfahren abgeleitet werden.

Bahnstrecke	KBS	Potenzielle Zusatznutzen aus Betriebsleistung (Gewichtete) Zug-km/Tag (Mo-Fr)	Streckenlänge	Quotient (Pot. Zusatznutzen/ Streckenlänge)
Krebsbachtalbahn	707	0	17	-
Achertalbahn	717	270	10	27
Renchtalbahn	718	884	29	30
Kinzigtalbahn	721	1.388	39	36
Harmersbachtalbahn	722	308	11	28
Kaiserstuhlbahn	723	566	24	24
Kaiserstuhlbahn	724	1.056	40	26
Elztalbahn	726	855	19	45
Höllentalbahn	727	1.320	40	33
Breisacher Bahn	729	1.495	23	65
Hochrheinbahn	730	7.872	94	84
Bodenseegürtelbahn	731	5.727	83	69
Ablachtalbahn	732	969	17	57
Alemannenbahn	742	1.401	27	52
Bregtalbahn	742	132	3	44
Wutachtalbahn	743	0	16	-
Donautalbahn	743	570	10	57
Wutachtalbahn	743	512	20	26
Südbahn	751	9.724	104	94
Roßbergbahn	752	0	11	-
Württ. Allgäubahn	753	1.856	58	32
Bahnstrecke	754	0	26	-
Donautalbahn	755	5.226	134	39
Brenzbahn	757	4.464	72	62
Schwäbische Albbahn	759	215	43	5
Kleinengstingen – Gammert.	759	100	20	5
Tälesbahn	762	504	9	56
Ermstalbahn	763	320	10	32
Ammertalbahn	764	1.638	21	78
Zollern-Alb-Bahn 1	766	7.290	135	54
Talgangbahn	767	0	8	-
Zollern-Alb-Bahn 4	767	0	28	-
Zollern-Alb-Bahn 2	768	1.450	50	29
Zollern-Alb-Bahn 3	769	0	13	-

Maulbronn West – Maulbronn	772	0	10	-
Nagoldtalbahn	774	3.135	57	55
Obere Neckarbahn	774	1.760	32	55
Württ. Schwarzwaldbahn	776	0	23	-
Taubertalbahn	782	3.239	97	33
Hohenlohebahn	783	1.188	33	36
Madonnenlandbahn	784	1.573	46	34
Wieslauftalbahn	790.21	768	35	22
Strohgäubahn	790.61	814	22	37
Schönbuchbahn	790.72	1.258	17	74
Teckbahn	790.81	442	17	26
Hanfertal – Sigmaringendorf	–	0	10	-
Kochertalbahn	–	0	12	-

Tabelle 40: Zusätzliches Nutzenpotenzial der Dieselstrecken in Baden-Württemberg bei Elektrifizierung

7 Zusammenfassung

Aus der Konzeption des Regelverfahrens der Standardisierten Bewertung und seiner Anwendung heraus ist festzustellen, dass es die gesamtwirtschaftliche Bedeutung reiner Elektrifizierungsmaßnahmen nicht vollständig zu erschließen vermag.

Ausgangspunkt ist die Überlegung, dass aus den Argumenten für eine Streckenelektrifizierung heraus Zusatznutzen der Elektrifizierung zu identifizieren sind, die bislang in keinem Bewertungsverfahren abgebildet werden. Die grundlegenden Argumente sind:

- die Nutzung von Lückenschlussfunktionen und Durchbindungsmöglichkeiten als Netzverknüpfung,

- die Nutzung als Umleitungsstrecke im Störungsfall,

- die Nutzung von Mitbedienungsmöglichkeiten von Reststreckenabschnitten zur Realisierung umlaufbedingter Einsparpotentiale,

- die Nutzung als Ausweichstrecke sowie

- die Vermeidung von Fahrten unter Fahrdraht.

Die dieselbetriebenen Strecken des Landes Baden-Württemberg wurden entsprechend dieser Möglichkeiten auf ihre jeweilige Eignung hin untersucht und entsprechend systematisiert.

Im Verlauf der Untersuchung zeigte sich, dass bei entsprechender Abgrenzung einer Maßnahme die Aspekte der Realisierung von verkehrlich-betrieblichen Durchbindungen sowie der Bedienung von Reststreckenabschnitten zur Realisierung umlaufbedingter Einsparpotentiale für den Nah- und Regionalverkehr bereits im Regelverfahren vollständig abgebildet werden können. Auch die Nutzung zum Lückenschluss im Nah- und Regionalverkehr kann durch die konzeptionelle Einbindung entsprechender Linien im Regelverfahren berücksichtigt werden. Parameter, die eine Bewertung des Vorhandenseins des Lückenschlusses per se ermöglichen konnten nicht erarbeitet werden, da das Vorhandensein einer Infrastruktur allein noch keinen Nutzen erzeugt. Erst in Verbindung mit verkehrlichen Angeboten und der daraus folgenden betrieblichen Umsetzung entstehen bewertbare Nutzen, die dann allerdings auch mit dem Regelverfahren der Standardisierten Bewertung ermittelt werden können.

Zusätzliche Nutzen aus der Einbindung elektrifizierter Strecken in das Gesamtbahnsystem und aus der möglichen Nutzung als Umleitungsstrecke im Störungsfall konnten hingegen durchaus ermittelt und algorithmisch abgebildet werden. Für die Mehrzahl der in Baden-Württemberg in Betracht kommenden Strecken sind diese Nutzen in ihrer Höhe jedoch nur in geringer Höhe vorhanden.

Ein Ansatz, der geeignet ist, die Vorteile von Elektrifizierungsmaßnahmen als zusätzliche Nutzen auch der Bewertung zugänglich zu machen, zeigte sich bei der intensiven Auseinandersetzung mit den jeweiligen Energieträgern der beiden Betriebsarten. Die Aufarbeitung des Energieeinsatzes bei den Bahnen und deren Berücksichtigung im Verfahren der Standardisierten Bewertung zeigte zunächst, dass bereits in der Version 2006 der Standardisierten Bewertung die Weiterentwicklung der Motoren- und Antriebstechnik soweit berücksichtigt wurde, dass die Energieeffizienz und -rückgewinnung moderner Technologie bereits berücksichtigt wurde. Darüber hinaus zeigte sich aber auch, dass die Zuordnung der Energieerzeugung sowie der Energiepreise auf den Preisstand 2006 dazu führt, dass Elektrifizierungsmaßnahmen in ihren Auswirkungen generell „unterbewertet" werden. Die Schere der Energiekosten zwischen Diesel- und elektrischem Betrieb, die in der Version 2006 gegenüber der Version 2000 für den Preisstand 2006 bereits berücksichtigt wurde, hat sich in den Jahren bis 2012 weiter vergrößert. Vor allem im Hinblick auf die zu erwartende zukünftige Entwicklung gehen alle ausgewerteten Prognosen davon aus, dass dieser Effekt noch verstärkt zum Tragen kommen wird.

Im Ergebnis stützt die vorliegende Untersuchung demnach die Ausgangsüberlegung, dass die Elektrifizierung von Dieselstrecken quantifizierbare und monetarisierbare Nutzen mit sich führt, die gängigen Bewertungsverfahren verborgen bleiben.

Wegen der Bedeutung der Energiekosten für die Bewertung des Zusatznutzens wird die Betriebsleistung zum bestimmenden Merkmal der Elektrifizierungswürdigkeit. Die in Kapitel 6 dargestellte Ableitung von zusätzlichen Nutzenpotenzialen bei der Elektrifizierung der dieselbetriebenen Strecken des Landes nimmt darauf Rücksicht.

Da bei der Bewertung langlebiger Infrastrukturmaßnahmen der Zukunftsfähigkeit dieser Maßnahmen großes Gewicht zukommt, stellt sich die Frage, inwieweit diese Zukunftsfähigkeit auch im Bewertungsverfahren berücksichtigt werden soll und kann. Dass die Berücksichtigung möglich ist wurde in der hier vorliegenden Untersuchung nachgewiesen. Allerdings stellt sich die Frage, ob diese Berücksichtigung auch erfolgen soll. Dabei müsste die bisherige Festlegung der Standardisierten Bewertung geändert werden, stets von einem aktuellen Preisstand auszugehen (Version 2006 vom Preisstand 2006). Die Berücksichtigung der zu erwartenden Entwicklung beim Energiemix und damit bei den Energiepreisen sowie den Emissionen CO_2 und sonstige Schadstoffe ist zukunftsgewandt z. B. auf einen Stand 2020 (wie in der vorliegenden Untersuchung unterstellt) auszurichten.

Die Festlegung auf einen jeweils aktuellen Preisstand beim standardisierten Bewertungsverfahren verfolgt das Ziel, die Verwendung öffentlicher Mittel an den aktuellen Rahmenbedingungen zu orientieren und gleichzeitig die Bewertung verschiedener Maßnahmen auf ein einheitliches Fundament zu stellen. Dabei ist allerdings – wie oben dargestellt – der Bezug zur Zukunftsfähigkeit der Maßnahmen im langlebigen Infrastrukturbereich vernachlässigt.

Dies könnte durch eine Trennung in die Anwendung des Regelverfahrens und eines ergänzenden Verfahren, das z. B. in Form einer Sensitivitätsbetrachtung in die Beurteilung mit eingeht, gelöst werden. Hierfür können die Erkenntnisse aus der vorliegenden Untersuchung die Grundlage bilden.

Quellenverzeichnis

ACKERMANN, Till. *Die Bewertung der Pünktlichkeit als Qualitätsparameter im SChienenpersonenverkehr auf Basis der direkten Nutzenmessung.* Dissertation, Stuttgart: Verkehrswissenschaftliches Institut an der Universität Stuttgart, 1998.

AG Energiebilanzen. *Sondertabelle zur Stromerzeugung nach Energieträgern in Deutschland.* http://www.ag-energiebilanzen.de/viewpage.php?idpage=65, 23. 02 2012.

BDEW. *Strompreisanalyse Oktober 2012.* Bundesverband der Energie- und Wasserwirtschaft e. V., 2012.

Betzhold, Christian, und Emil Sperling. „Beitrag zur Beurteilung des Fahrkomforts in Schienenfahrzeugen." *Krauss-Maffei-Informationen,* Nr. 141, 1956.

BMU. *Erneuerbare Energien in Zahlen: Internet-Update.* http://www.erneuerbare-energien.de/files/pdfs/allgemein/application/pdf/ee_zahlen_internet-update.pdf: Bundesministerium für Umwelt, Naturschutz und Reaktorsicherheit, 2011.

BMU Pressemitteilung. „Pressemitteilung Nr. 108/11." Bundesministerium für Umwelt, Naturschutz und Reaktorsicherheit, 30. 08 2011.

Capros, P., L. Mantzos, N. Tasios, A. De Vita, und N. Kouvaritakis. *EU energy trends to 2030: Update 2009.* Luxemburg: Generaldirektion Energie der Europäischen Kommission, 2010.

DB AG. „Daten & Fakten 2010." Broschüre, Berlin, 2010.

DB NETZ AG. *Downloadseite zur Trassenpreisauskunft der DB Netz AG.* 2012. http://fahrweg.dbnetze.com/fahrweg-de/start/produkte/trassen/trassenpreise/trassenpreisauskunft_tpis.html (Zugriff am 04. 05 2012).

EWI, EEFA. *Energiewirtschaftliches Gesamtkonzept 2030: Endbericht.* Köln, Berlin: Energiewirtschaftliches Institut an der Universität zu Köln (EWI) & Energy Environment Forecast Analysis GmbH (EEFA), 2008.

IER, RWI, ZEW. *Die Entwicklung der Energiemärkte bis 2030.* Stuttgart, Essen, Mannheim: Institut für Energiewirtschaft und Rationelle Energieanwendung (IER),

Rheinisch-Westfälisches Institut für Wirtschaftsforschung (RWI) & Zentrum für Europäische Wirtschaftsforschung (ZEW), 2010.

IFEU. *UmweltMobilCheck*. Wissenschaftlicher Grundlagenbericht, im Auftrag der Deutschen Bahn AG, Institut für Energie- und Umweltforschung Heidelberg GmbH, 2011.

INTRAPLAN, VWI & HEIMERL. *Nutzen-Kosten-Untersuchung "Regio-S-Bahn"*. Schlussbericht, Intraplan Consult GmbH, Verkehrswissenschaftliches Institut an der Universität Stuttgart, Gerhard Heimerl, 1994.

Kettner, J. „Den Schienenverkehr fit machen für die Zukunft." *Eisenbahntechnische Rundschau (ETR)*, 9 2011: 10-16.

Knothe, Klaus, und Sebastian Stichel. *Schienenfahrzeugdynamik*. Berlin: Springer, 2003.

Kortüm, Willi, und Peter Lugner. *Systemdynamik und Regelung von Fahrzeugen: Einführung und Beispiele*. Berlin, Heidelberg: Springer, 1994.

LUBW, LfU. *Elektromagnetische Felder im Alltag*. Karlsruhe, Augsburg: Landesanstalt für Umwelt, Messungen und Naturschutz Baden-Württemberg (LUBW) & Bayerisches Landesamt für Umwelt (LfU), 2010.

MAIBACH, et al. *Praktische Anwendung der Methodenkonvention: Möglichkeiten der Berücksichtigung externer Umweltkosten bei Wirtschaftlichkeitsrechnungen von öffentlichen Investitionen*. UFOPLAN-Vorhaben 203 14 127, Umweltbundesamt, 2007.

Meier, Werner, Bernd-Michael Cerfontaine, Wolfgang Arnold, Gerhard Heimerl, Harry Dobeschinsky, und Hans-Peter Sautter. *Änderung des Verkehrsverhaltens und der Einstellung zu den öffentlichen Verkehrsmitteln im Zusammenhang mit Angebotsverbesserungen im öffentlichen Personennahverkehr*. Endbericht zum Forschungsvorhaben FE-Nr. 70258/88, Stuttgart: Verkehrs- und Tarifverbund Stuttgart GmbH, 1991.

Nitsch, Joachim. *Leitstudie 2007: Ausbaustrategie Erneuerbare Energien: Aktualisierung und Neubewertung bis zu den Jahren 2020 und 2030 mit Ausblick bis 2050*. http://www.bmu.de/files/pdfs/allgemein/application/pdf/leitstudie2007.pdf: Im

Auftrag des Bundesministeriums für Umwelt, Naturschutz und Reaktorsicherheit, 2007.

PLANCO Consulting. *Modernisierung der Verfahren zur Schätzung der Volkswirtschaftlichen Rentabilität von Projekten der Bundesverkehrswegeplanung, Bundesministeriums für Verkehr, Bau- und Wohnungswesen.* FE-Nr. 964887/97, Bundesministerium für Verkehr, Bau- und Wohnungswesen, 1999.

PLANCO Consulting. *Numerische Aktualisierung interner und externer Beförderungskosten für die Bundesverkehrswegeplanung (BVWP).* FE-Nr. 96479/97, Bundesministerium für Verkehr, 1998.

Prognos, EWI. *Energieszenarien für den Energiegipfel 2007.* Basel, Köln: Prognos AG & Energiewirtschaftliches Institut an der Universität zu Köln (EWI), 2007.

Prognos, EWI, GWS. *Energieszenarien 2011.* Basel, Köln, Osnabrück: Prognos AG, Energiewirtschaftliches Institut an der Universität zu Köln (EWI) & Gesellschaft für wirtschaftliche Strukturforschung (GWS), 2011.

Prognos, EWI, GWS. *Energieszenarien für ein Einergiekonzept der Bundesregierug.* Basel, Köln, Osnabrück: Prognos AG, Energiewirtschaftliches Institut an der Universität zu Köln (EWI) & Gesellschaft für wirtschaftliche Strukturforschung (GWS), 2010.

UBA, Umweltbundesamt. *Ökonomische Bewertung von Umweltschäden: Methodenkonvention zur Schätzung externer Umweltkosten.* Umweltbundesamt, 2007.